Bernard, Wolf und Mensch

Daniel Bernard

Wolf und Mensch

Mitarbeit von Daniel Dubois
Einleitung von Henri Gougaud
Übersetzung von Traude Wiehsalla

SDV
Saarbrücker Druckerei und Verlag

Titel der Originalausgabe „L'homme et le Loup"

Aus der gleichen Reihe des Verlages Berger-Levrault, herausgegeben von Jean-Jacques Brisebarre, erschien bisher: Colette Méchin, Sankt Nikolaus. Feste und Brauchtum in Vergangenheit und Gegenwart (1982).

ISBN 3-921646-63-4

ISBN 2-7013-0456-3
Umschlaggestaltung: Gilbert E. Baier

Die Abbildungen wurden der Originalausgabe entnommen, die auch den Bildnachweis enthält, (Bildredaktion: Josselyne Chamarat, Marie-Laure Verroust) und ergänzt durch die Abbildungen auf den Seiten 24, 46, 54, 93 (unten) und 128.

Gesamtherstellung: SDV Saarbrücker Druckerei und Verlag GmbH, Saarbrücken
Printed in Germany

Inhalt

Der Wolf ist ein wohlbekanntes Tier, so muß ich ihn nicht erst beschreiben, denn fast jeder hat ihn schon einmal gesehen.
(Gaston Phébus, Das Buch von der Jagd, 14. Jh.)

Einleitung

Am Heiligen Abend streift ein hungriger Wolf durch die verschneite Landschaft. Den schäbigen grauen Schlapphut hat er tief ins Gesicht gezogen, seine Pfoten stecken in den Taschen der alten, geflickten Jeans, im Mundwinkel hängt eine Zigarettenkippe, gelb wie der Himmel und kalt wie der Winter. Unter einem Baum mitten auf der weiten Ebene bleibt er stehen. Eine dicke Ladung Schnee fällt vom höchsten Ast herunter und trifft ihn genau auf den Kopf. Ein Vogel fliegt auf und lacht ihn aus. Der Wolf schüttelt den Schnee ab und droht mit der Faust. Ein Eiszapfen hängt von seiner Nasenspitze herab. Er schnallt seinen Gürtel ein paar Löcher enger und stapft mürrisch weiter, den Kopf tief zwischen die mageren, krummen Schultern eingezogen, ein armer, lächerlicher Teufel. Plötzlich hält er an. Seine Augen werden schmal und leuchten grausam auf wie bläuliche Blitze. Der Eiszapfen fällt klirrend von seiner Nase ab. Er zieht die Lefzen zurück und bleckt die Zähne – zwei blitzende Reihen, scharf wie Messer und spitz wie Gabeln. Er nimmt Witterung auf, der Geruch eines Bratens steigt ihm in die Nase. Wie von Zauberhand legt sich eine weiß und rot karierte Serviette um seinen Hals. Fröhliche Stimmen schallen aus einer strohgedeckten Hütte am Ende des Hohlwegs herüber, die aussieht wie im Märchen. Mit gespitzten Ohren schleicht sich der Wolf heran. Er wirft einen gierigen Blick durch das Fenster und grinst. Drei kleine Enten sitzen um einen Weihnachtsbaum, und im Kamin knistert ein gemütliches Feuer. Der Wolf schiebt sich im Schatten der Mauer voran bis zur roh zusammengezimmerten Tür und stößt sie mit fürchterlichem Geheul auf. Dann ein seltsam pfeifendes Geräusch – eine riesige Sahnetorte landet voll auf seinem Gesicht. Völlig verdutzt blinzelt er mit hängender Zunge durch den weißen Sahneschaum. Der Film hat erst angefangen, und man weiß schon im voraus, was dabei herauskommt – ein Exorzismus der Heiterkeit auf Kosten des uralten Dämons.

Die Darstellung des Wolfs in diesem Zeichentrickfilm ist so alt wie der Wolf selbst. Denn der gefürchtete, blutrünstige Räuber, dieser Unhold, der die Farben des Grauens trägt, blutiges Rot auf schwarzem Fell, ist zugleich auch immer eine Art Hanswurst der Armen gewesen. Eine zweideutige, fast etwas traurige Figur, eher ein verspotteter Tyrann als ein Clown. Wenn die Lanze das Rückgrat des Grausigen verfehlte, zielte man mit der Waffe des Lachens auf die glühenden Augen im Dunkel der Nacht, denn Lachen ist Magie und Beschwörung. An langen Winterabenden erzählte man sich, wie Meister Isegrim von Gevatter Fuchs im Mehl gewälzt wird. Man stellte sich vor, wie man dem Bösewicht einen Korb an den Schwanz bindet, und lachte. Man ließ ihn seinen Schwanz ins eiskalte Wasser des Teichs hängen, bis er dort anfror, und lachte noch lauter. Oder aber man hielt dem Vielfraß einen Käse hin. Kaum hatte er das Maul geöffnet, nahm man einen Stein und zerschlug damit seine spitzen Zähne, lachte ihn noch mehr aus, denn man saß ja am Kamin, hatte die Fensterläden zugezogen und die Tür fest verriegelt. Man foppte den Räuber und dachte sich die übelsten Streiche aus.
Denn der Wolf ist zwar grausam, aber nicht eben der Klügste – ein richtiger Tölpel, so versicherte man.

Der Wolf, so sagt man, ist ein Tier,
das stets von übler Art gewesen,
doch mancher hat ein sanftes Wesen,
ganz ohne Wildheit, Wut und Gier.

sagt Perrault, der sich auskennt. Es gibt tatsächlich auch gute Teufel. Eine gascognische Legende erzählt von einem Werwolf, der sechs Tage und Nächte mit einem Wolfsrudel unterwegs war, auf der Suche nach einer Arznei für seinen todkranken Vater. Man sieht, auch Werwölfe können edelmütig sein.
Seit jeher gab es auf der ganzen Welt tapfere, gute und berühmte Wölfe. Im alten China ist er der Stern Sirius, der den himmlischen Palast bewacht, den „Großen Bären“. In Griechenland war er Apollo, dem Gott der Schönheit, geweiht, und wir finden sein Abbild neben dem braungelockten Olympier auf Münzen geprägt. Für die Mongolen war er ein Sonnensymbol von edler Rasse. Einige sibirische Clans betrachten ihn als ihren mythischen Ahnherrn. Die Uiguren erzählen, daß ihre Vorfahren von

zwei schönen jungen Frauen abstammen, die sich „im Himmel“ mit zwei Wölfen vermählten. „Eine chinesische Chronik berichtet, daß die T'ou Kine einen silbernen Wolfskopf in ihrem Wappen trugen.“*) Auch Dschingis Khan, der furchtbare, glorreiche und unerschrockene Krieger, hatte einen grauen Wolf zum Ahnherrn. Das Tier stand also in hoher Achtung. Der Urvater eines königlichen Geschlechts ist in Japan Hüter der Nacht und schützt die Menschen mit ihrer verletzbaren Haut vor anderen wilden Tieren. Man darf ihm jedoch nicht allzusehr trauen. Zwar ist er Wachhund, aber er verträgt es nicht, wenn man ihn an die Kette legen will. „Auch ein zahmer Wolf träumt immer vom Wald“, sagt ein Sprichwort. Ohne Unterschied zerreißt er nicht nur den Dieb, auch seinen Herrn, wenn dieser ihm einen Maulkorb umlegen will. Er gerät leicht außer sich und hat ein wild überschäumendes Temperament. In seiner Zerstörungswut ist er wie Attila, nach ihm wächst kein Lamm mehr.

Seinem Blick kann niemand standhalten. Er durchdringt auch die tiefste Dunkelheit, so sagt man, und das macht ihn zu einem ausgezeichneten Führer. Nach der Legenda aurea diente er dem hl. Hervé, der das Augenlicht verloren hatte, als Blindenführer. Bei den Rumänen ist er der Führer der armen Seelen, „denn der Wolf kennt sich im Wald aus“, und die Klageweiber singen an der Bahre des Verstorbenen:

Er wird dich führen auf geradem Wege zu einem Königssohn ins Paradies.

Manchmal ist seine Kraft hilfreich, wie ein Feuer in der Nacht, aber das Feuer wärmt nicht nur, es verbrennt auch: so sagt man in der Türkei, der Blitz, der vom Himmel fällt, sei ein blauer Wolf, ein himmlischer Wolf, der mit dem Messer seiner Männlichkeit eine Hindin, Symbol der Erdmutter, durchbohrt und sie befruchtet, damit sie Helden, Eroberer und rauhe, von übermenschlicher Kraft erfüllte Krieger mit rotglühenden Augen gebiert. Auch die guten Taten des Raubtiers haben etwas Finsteres. Dennoch kommt es vor, daß man ihn um Gnade bittet, wie ein Lamm, das arglos seine Kehle dem Messer darbietet. In Anatolien wird er, der Kinderfresser, von kinderlosen Frauen um einen Sohn angefleht. Zum Erntedankfest stellen die Kamtschadalen einen Wolf aus Strohbündeln auf, die den jungen Mädchen zur Fruchtbarkeit verhelfen soll. Das ist nicht weiter erstaunlich. Jeder weiß, daß Rom seine Entstehung den Zitzen einer mitleidigen Wölfin verdankt. Sie fand die ausgesetzten Kinder des Mars, Romulus und Remus, zog sie wie ihre eigenen Welpen auf und rettete ihnen so das Leben. Der Schafhirt Faustulus entdeckte sie eines Tages bei der säugenden Wölfin, hatte Mitleid mit ihnen und brachte sie zu sich nach Hause. Seine Frau Acca Larentia nahm sich ihrer an und zog sie groß. Soweit die Legende, die von den Kirchenvätern heftig bekämpft wurde; sie behaupteten nämlich, die angeblich tierische Amme der Begründer Roms sei niemand anderes als Larentia selbst gewesen, die wegen ihres lockeren Lebenswandels auch „die Wölfin“ genannt wurde. Tatsächlich heißen Prostituierte auf lateinisch „lupae“, Wölfinnen, denn die Frau des Isegrim gilt als unersättliche Liebhaberin, die nichts anderes als Wollust und Laster im Sinn hat. In diesem Punkt stimmt der Volksglaube in allen Ländern Europa überein.

Man sagt ihr die unglaublichsten Dinge nach. In einem Buch, dem „Livre du chevalier de la Tour Landry“, heißt es: „Manche Frauen sind wie Wölfinnen; den Schäbigsten und Häßlichsten von allen nehmen sie zum Liebhaber.“ Gaston Phébus seinerseits behauptet in vollem Ernst: „Sowie die Wölfin heiß ist, läuft ihr der erste Wolf nach, den sie trifft.“ Auch der zweite, dritte und vierte folgt ihr, mit der Nase in der Spur des Vorangehenden, „so daß sie schließlich alle in einer langen Reihe hinter ihr herrennen.“ Unsere Wölfin, sagt Phébus, „schweift ohne Unterlaß umher“, bis ihre Verehrer völlig ermattet sind und in Schlaf fallen. „Dann wendet sie sich dem Schlimmsten des ganzen Rudels zu, dem sie zu allererst begegnet ist und der vor Müdigkeit fast umfällt. Nachdem sie ihr Liebesbedürfnis gestillt hat, läuft sie weg. Beim Erwachen wundern sich die übrigen Wölfe, daß sie nicht mehr da ist. Sie wittern, daß ihnen ein anderer zuvorgekommen ist, stürzen sich alle auf den Nebenbuhler und reißen ihn in Stücke.“ Im 12. Jh. lebte jedoch in der Nähe von Carcassonne eine vornehme Dame von hohem Ansehen und bestem Ruf, die sich stolz „die Wölfin“ nannte. Sie war eine außergewöhnliche Frau, sehr schön und sehr begehrenswert, und einige der bedeutendsten Trouba-

* Uno Harva, Les représentations religieuses des peuples altaïques.

doure waren in sie verliebt. Die Chronik berichtet, daß einer ihrer Verehrer, Peire Vidal, aus Liebe zu ihr nur mit einem Wolfsfell bekleidet einsam im Wald lebte. Er wurde von Schäfern, die ihn für ein wildes Tier hielten, mit Stockschlägen traktiert und halb tot nach Pennautier zum Schloß seiner Herzensdame gebracht. Die „Wölfin" war von seiner Verehrung gerührt. Sie pflegte ihren unglücklichen Liebhaber mit großer Hingabe und gab bei seiner Genesung ein prächtiges Fest.

Es liegen Welten zwischen einer brünstigen Wölfin und einer angebeteten Dame, aber eins ist sicher: in der Liebe ist der Wolf immer ein Symbol für übermäßige Triebhaftigkeit. Bei ihm gibt es keine verspielte Träumerei, keine Zärtlichkeit, sondern Feuer. Im Reich der Phantasie ist es nicht leicht, ein Wolf zu sein, und eigentlich auch kein beneidenswertes Los. Eines ist klar: in Europa, das vor dem schwarzen Fleischfresser zitterte, hat er nichts Gutes zu bedeuten. Zwar verspricht ein bäuerliches Traumdeutungsbuch den Kranken, die vom Wolf träumen, „daß sie bald gesund und munter eine Reise machen werden", aber sonst sind sich alle Zauberbücher darin einig, daß er des Teufels ist. Auf ihm lastet ein Fluch, seit er in die Welt kam.

Eine provenzalische Legende erzählt, der liebe Gott habe Adam einen Zauberstab geschenkt und ihm gesagt: „Jedesmal, wenn du mit dieser Rute schlägst, wird etwas Nützliches entstehen. Aber paß auf, daß deine Gefährtin sie nicht in die Hand bekommt." Selbstverständlich hatte Eva nichts Eiligeres zu tun, als diesen Stab an sich zu bringen. Adam schlug ihr damit auf den Rücken, und es entstand ein schönes Lamm. Eva wurde sehr zornig, nahm trotz des Verbotes den Stock und schlug damit auf den Boden: da entsprang ihm ein riesiger Wolf und fraß das zarte Lämmchen mit Haut und Haaren auf.

Andere Volkserzählungen behaupten seltsamerweise, Jesus habe diese Raubtiere nur deshalb geschaffen, um die Ziegen zu vertreiben, die die Kohlköpfe im Garten seiner Mutter auffraßen. Maria aber habe sie wegen ihrer Grausamkeit verflucht. Unsere Vorfahren betrachteten den Wolf offenbar nicht nur als ein widerwärtiges Scheusal, sondern sie waren auch fasziniert von seiner Kraft. Er ist ein unnachgiebiger Gegner, aber „man spürt, daß man sich mit ihm verständigen kann, wenn auch nicht mit Worten, sondern mit Gewehrkugeln." (Jean Giono). Wohl ist er ein Feind, aber ein Ehrenmann, dem man Respekt zollt, zwar verhaßt, aber nicht ohne Größe. Sein Fell galt als begehrte Trophäe, die selbst der König voller Stolz auf den Zinnen seiner Burg hissen konnte. Er verkündete damit aller Welt seinen Sieg über den Dämon, und die geheimnisvolle, furchtbare Kraft des Tieres ging auf ihn über.

Amadis Jamyn erzählt von einer Jagd, die der französische König Karl IX. im Wald von Saint-Germain abhielt: *Hoch oben auf der Burg, als grausige Trophäe, knüpfte man Haupt und Pfoten, damit sie jeder sehe, von Wolf und Wölfin auf, samt ihrer jungen Brut.*

Diese Art der Zurschaustellung war offenbar zur damaligen Zeit sehr verbreitet. Es kam sogar vor, daß man dem Wolf einen förmlichen Prozeß machte und ihn wie einen Verbrecher hängte, weil er, wie Eustache Deschamps sagt, „mehr tötet und raubt als ein wildes Tier". Wenn einer mit derartiger Frechheit sein Unwesen treibt, muß Zauberei im Spiel sein, und einen Hexenmeister kann man nicht so ohne weiteres ins Jenseits befördern. Man muß sich vorsehen und ein gewisses magisches Ritual beachten, damit seine Zerstörungskraft nicht seinen Tod überdauert, denn der Wolf ist ein Ausbund des Bösen.

Wenn der Vollmond scheint, reiten die Hexen auf seinem Rücken zum Sabbat. Ein Mensch, der seinen Hauch einatmet oder sich von seinem Blick bannen läßt, verliert die Sprache. Diese blutrünstigen Tiere „pflegen des abends zu heulen, bevor sie sich an einem Ort sammeln". An Kreuzwegen halten sie ihre Zusammenkünfte ab, sie wählen sich einen Anführer, beraten über ihre Angelegenheiten und planen neue Anschläge. Da geht es nicht mit rechten Dingen zu. Hexen und Zauberer stecken mit ihnen unter einer Decke, laufen mit ihnen durch die Wälder. Manche Schäfer verstehen sich darauf, sie gefügig zu machen. Normale Sterbliche, die nicht über teuflische Künste verfügen, opfern ihnen ein Schaf, das sie am Wiesensaum auslegen, damit ihre Herden verschont bleiben. Die zahllosen Beschwörungsformeln, zu denen man seine Zuflucht nimmt, wurzeln in Angst, ohnmächtiger Wut und Magie und erinnern an den Jagdzauber der Höhlenmenschen vor ihren Felsbildern. „Wolf, Wölfin oder Wolfsjunges, du sollst keine Macht haben über mich noch über die Tiere, die mir anvertraut sind, so wie der Teufel gegen den Priester am Altar nichts ausrichten kann. Möge der heilige Sankt Georg deinen Rachen verschließen und der heilige Sankt Johann dir die Zähne ausbrechen!"

Der Beistand der Heiligen wird angerufen aus Furcht vor einem Dämon, der nicht nur der Einbildung entspringt. Er frißt seine Beute bei lebendigem Leib auf, das ist unbestritten. Solche Scheußlichkeiten verwirren den Verstand und verführen zu abenteuerlichen Spekulationen. Man sagt ihm nach, er sei ein Vampir, in der besten Tradition des Gruselkinos. In Wallonien erzählt man folgende Geschichte: Ein Spielmann traf eines Abends auf dem Heimweg einen stattlichen Wolf. Um ihn zu besänftigen, begann er auf seiner Geige zu spielen. Damit schlug er die Bestie in die Flucht, weil sie in dem über den Saiten gekreuzten Bogen ein Kruzifix sah. Graf Dracula, sein Vetter, hätte sich nicht anders verhalten; auch ihm sind Kreuze verhaßt, auch er hat spitze Reißzähne und glühende Augen, die hypnotisieren. Zu einem richtigen Werwolf fehlen ihm nur das struppige Fell und die Krallen.

Man glaubte lange Zeit felsenfest an die Existenz dieser halb menschlichen Ungeheuer, sah sie überall und tötete sie zu Hunderten. Das war zu einer Zeit, als der Geist der Wälder mit seinem Geruch nach Erde und Wurzeln sich noch gegen die weißen Mauern der Dorfkirche aufbäumte. Diese Monstren waren das Gefolge des Dionysos, erdverbunden und heidnisch, voller dunkler, naturhafter Lebenskräfte, aufgestanden gegen die Tyrannei des siegreichen Christentums. Sie waren die Revolte des Instinkts gegen die Diktatur des reinen Geistes. Es war nicht leicht, sie zu besiegen. Wie Unkräuter riß man sie aus unserem Unterbewußtsein, ohne damit unsere Seelen fruchtbarer zu machen. Im Industriezeitalter droht man unartigen Kindern nicht mehr damit, daß der Wolf sie holen kommt. Und doch kam der alte Kinderschreck, der sich in unserer mechanisierten Welt überlebt hat, von sehr fern, vom Acheron nämlich, aus der antiken Unterwelt, und die Wölfin Mormolycea war seine Amme. Sie war der Alptraum der Kinder Griechenlands, lange bevor der Wolf als Großmutter verkleidet das Rotkäppchen auffraß und zu einer Art Anti-Weihnachtsmann verkam, der als Popanz von unseren bäuerlichen Vorfahren heraufbeschworen wurde.

Der Wolf ist tot – er, der im Rigveda der Tod war, welcher die Sterne auffrißt und mit seinem nachtdunklen Maul die Wachtel, Symbol des Lichts, verschlingt. Die Wahnphantasien der Menschen ernähren ihn nicht mehr. Von seinem Elfenbeinturm aus blickt er in die Vergangenheit, mit dem unbeugsamen Stolz eines grausamen Kriegers, der sich nie unterwarf. Herden fetter Schafe ziehen dahin, und wohlgenährte Hunde lecken ihren Napf aus. Vielleicht überkommt sie manchmal die Sehnsucht, wenn sie zurückdenken an den alten, unbezähmbaren Einzelgänger, der in den verschneiten Tälern heulte, ein „sozial Unangepaßter" mit knurrendem Magen, aber frei.

Henri Gougeaud

Das Tier

Morphologische Beschreibung

Über Jahrtausende war der Wolf das einzige gefährliche Raubtier in vielen Ländern Europas. Man hat ihn lange gefürchtet und gehaßt und immer verkannt. Seit einigen Jahren ist aufgrund unmittelbarer Beobachtungen sein Verhalten besser erforscht, aber es gibt immer noch große Meinungsverschiedenheiten über seine Klassifikation, Anatomie und Lebensweise.

Die Gattung Canis enthält sechs Arten, die in Eurasien, Afrika und Nordamerika heimisch sind: der gemeine Wolf (Canis lupus), der Coyote (Canis latrans), der Goldschakal (Canis aureus), der Schabrackenschakal (Canis mesomelas), der Streifenschakal (Canis adustus) und der Kaberu oder abessinischer Wolf (Canis simensis).

Die Art Canis lupus zerfällt wiederum in zwei Unterarten: der graue Wolf lebt in Asien, Alaska sowie in unzugänglichen Gebieten Europas, der nordamerikanische Rotwolf (Canis lupus niger) in den Staaten Alabama, Florida, Georgia und Carolina. Der Vollständigkeit halber müßte man auch die zahlreichen Spielarten aufzählen, die auf der ganzen Welt verbreitet sind. Viele sind bereits ausgestorben, so der japanische Wolf (Canis lupus hodophilax), der Rohrwolf (Canis lupus minor), der noch zu Beginn des 20. Jahrhunderts in Österreich-Ungarn lebte; auch der indische Wolf (Canis lupus pallipes), den manche für den Ahnen des Haushundes halten, ist stark in seiner Existenz bedroht.

Der Beutelwolf (Thylacinus cynocephalus) hat trotz seines Namens nichts mit dem Wolf gemein; sein Name bedeutet etwa „wolfsköpfiger Beutelhund“. Die Einführung des Dingo verdrängte ihn aus den meisten Gebieten Australiens; heute ist er nur noch in Tasmanien zu finden, wo die wenigen überlebenden Exemplare seit 1936 unter Naturschutz stehen.

Die Gattung Canis taucht erstmalig im Pliozän auf, d. h. vor ungefähr 5 Mill. Jahren. Ein Vorläufer in der langen Entwicklungsgeschichte der Tierwelt war der Tomarctus im Miozän, der vor 22 Mill. Jahren gelebt hat. Im Oligozän gab es vor 38 Mill. Jahren den Cynodictis, von dem alle Hundeartigen, Bären und Waschbären abstammen. Geht man noch weiter zurück bis zum Paläozän, so stößt man auf den Miacis, der vor 65 Mill. Jahren die Urform aller Fleischfresser darstellte. Den Wolf selbst gibt es schon seit zweihunderttausend Jahren. Sein Auftreten ist in Amerika wie auch in Deutschland belegt. Zur gleichen Zeit lebten in China der 'Canis sinensis', in Amerika der Coyote und in Europa Fuchs und Schakal.

Das Auftreten des Haushundes, Canis familiaris, kann datiert werden anhand von Knochenfunden aus Rußland, der Darstellungen von Hunden in der Höhle „Cueva de la Vieja“ in Spanien sowie der Felsmalereien des Magdalénien. Seine Herkunft ist sehr umstritten, weil er genetisch auf mehrere Vorfahren zurückgeführt werden kann. War der Wolf der Urvater des Hundes? Diese These scheint kaum haltbar, denn der Wolf konnte nie domestiziert werden, wenn auch gezähmte Wölfe zur Entstehung des deutschen Schäferhundes beigetragen haben.

Hund und Wolf. „Nach der Natur“ von W. Holzer, 17 Jh.

1

2

3

4

5

6

7

8

9

Gemeiner Wolf (Canis lupus) – 1 (schwarze Spielart) und 2 –; Kaberu oder abbessinischer Fuchs (Canis simensis) – 3; Präriewolf oder Coyote (Canis latrans) – 4; Gemeiner Fuchs (Canis vulpes) – 5; Wüstenfuchs (Canis zerda) – 6; Antarktischer Wolf (Canis antarcticus) – 7; Amerikanischer Wolf (Canis occidentalis) – 8; Indischer Wolf (Canis lupus pallipes) – 9. Aus: J. C. Kevlemans, A Monography of the Canidae, London 1890.

Einige Wissenschaftler sind der Ansicht, daß der Goldschakal sich zum Haushund entwickelt habe, indem der Mensch ihn bei der Jagd benützte. Nach Darwin und Konrad Lorenz sind im Hund die Eigenschaften von Wolf und Schakal vereinigt; ihre Argumente stützen sich vor allem auf die psychologischen Merkmale beider Arten. Daneben gibt es noch die Hypothese der Abstammung des Hundes vom indischen Wolf.

Pierre Pfeffer weist sämtliche oben genannten Thesen zurück: „Gewisse eigentümliche, stabile Merkmale, die allen Haushunden gemeinsam sind, rechtfertigen die Annahme, daß es sich hier um eine besondere Spezies handelt; die ursprüngliche Wildform verschwand infolge einer regelrechten psychischen Mutation, die den Hund zu einer totalen Symbiose mit den menschlichen Gemeinschaften der Vorzeit geführt hat."

Körperhaltung des Wolfs, Skizze von Robert Hainard.

Der Wolf ist sehr mißtrauisch, und es ist nicht leicht, in seine Nähe zu kommen. Nur wenigen Naturforschern ist es nach langwierigen Versuchen gelungen, ihn zu beobachten. „Wer sich auf dieses Abenteuer einläßt, muß wissen, was ihn erwartet", meint Robert Hainard, ein schweizerischer Tierzeichner, der sein Leben lang den Wölfen in freier Wildbahn auf der Spur war. „In meinem ganzen Leben habe ich nur acht Wölfe gesehen. Zusammengerechnet habe ich ein gutes halbes Jahr nur mit Warten verbracht; davon waren zwei Begegnungen, einmal sogar mit zwei Wölfen, rein zufällig. Meine letzte Beobachtung in Nordwestspanien, eine halbe Minute im Mondschein, kostete mich sechs Wochen Wartezeit." (Robert Hainard, Mammiféres sauvages d'Europe.)

Der Wolf ist das größte Tier der Gattung Canis; Körpergröße und Farbe des Haarkleids können je nach Gegend stark variieren, so daß er nicht leicht zu identifizieren ist und man ihn oft mit einem Hund verwechselt. Sein kräftiges Gebiß besteht aus zweiundvierzig Zähnen. Mit den kleinen Schneidezähnen löst er das Fleich von den Knochen ab. Mit seinen großen, spitzen, kräftigen Reißzähnen ergreift er seine Beute und zerreißt sie, die gut entwickelten Backenzähne zerkleinern sie. Man schätzt, daß ein Wolfsgebiß einen Druck von mehr als 15 kg/cm^2 ausüben kann; das bedeutet, daß er mit Leichtigkeit den Oberschenkel eines erwachsenen Elchs durchbeißen kann. Mit seiner spitzen Schnauze, seinen schräggestellten, goldgelben Augen und den stets aufgerichteten Ohren zeigt er ein viel ausdrucksvolleres Mienenspiel als der Hund. Je nach Stimmungslage des Tieres verändert sich das Gesicht: Die Augenbrauen werden gerunzelt oder nach hinten gezogen, die Nase legt sich in Falten, die Ohren bleiben bei Gefahr aufgerichtet; angelegte Ohren bedeuten Unterwerfung, der Blick geht ständig hin und her. Die ganze Gesichtsmuskulatur ist so beweglich, daß es nach Ansicht von William Berry, einem anderen Tierzeichner, „außerordentlich schwierig ist, das Gesicht eines Wolfs wiederzugeben." Sehvermögen und Gehör sind gut entwickelt, aber der Geruchssinn ist das Wichtigste.

Die Gesamtlänge des Körpers schwankt zwischen 100 und 140 cm, die Schulterhöhe zwischen 65 und 95 cm. Der 30 bis 40 cm lange Schwanz ist buschig und hängt herab. Die Gliedmaßen sind schlank und sehnig; die Hinterpfoten haben vier, die Vorderpfoten fünf Zehen mit nicht zurückziehbaren Krallen.

All das macht den Wolf zu einem schnellen und ausdauernden Läufer. Seine Durchschnittsgeschwindigkeit beträgt 40, auf kurzen Strekken sogar 50 Stundenkilometer. Dank seiner Ausdauer überwindet er große Entfernungen; er kann 250 Kilometer in zwei Wochen zurücklegen. Gérard Ménatory meint, daß ein Wolf, „der aus seinem Revier aufgescheucht und lange verfolgt wird, am Tag bis zu 100 Kilometer

Ausdruck des Wolfskopfes: drohend (1), gefährlich (2 – 4), ängstlich (5 – 6). Nach Schenkel, 1948.

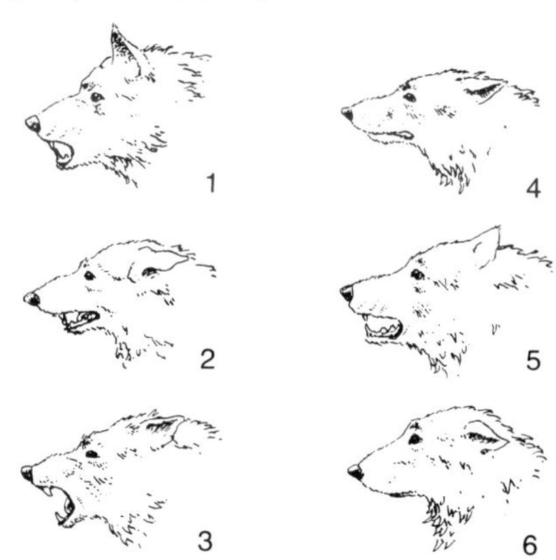

weit laufen kann“. Als Beleg zitiert er ein Jagdabenteuer des Sohnes von Ludwig XIV.: „der Große Dauphin stöberte einen alten Wolf im Wald von Fontainebleau auf und erlegt ihn vier Tage später vor den Toren der Stadt Rennes“. Er berichtet auch von vier Gendarmen aus Lunéville, die einen Wolf aus der Gegend von Nancy drei Tage lang verfolgten und ihn schließlich nach 39 Stunden Hetzjagd in der Nähe von Trier stellen konnten. Der häufige Wechsel des Standorts und der Wandertrieb des Tieres ließen bei der verängstigten Bevölkerung leicht den Eindruck entstehen, man habe es mit einer ganzen Horde von Wölfen zu tun, obwohl es sich in Wirklichkeit nur um vereinzelte Exemplare handelte.

Präparation eines Wolfsfells in Polen, um 1970.

Die Farbe seines Fells ist nicht einheitlich und schwankt zwischen Schwarz und Weiß; der europäische Wolf ist meistens fahlgrau mit schwarzen, braunen oder weißen Grannenhaaren. In Amerika finden sich rötliche, schwarze oder weiße Wölfe, wobei das Fell nicht gleichmäßig gefärbt ist. Der Pelzfachmann Georges Constant gibt in „Le guide de la fourrure" folgende Beschreibung: „Sein Pelz ist graugelb mit schwärzlichen Grannen. Auf der Oberseite, besonders auf dem Rückgrat, sind die Haare lang und grob; am schönsten ist das weiche, cremefarbene Fell an Flanken und Bauch, das manchmal rein weiß sein kann. Das Leder ist weich und haltbar." Die Jungtiere haben anfangs ein wolliges, dunkles Haarkleid, das jedoch bald in die normale Färbung übergeht. Die Alttiere verlieren im Frühjahr ihr Winterfell und sehen in der warmen Jahreszeit etwas verhungert aus. Wie bei den Hunden werden alte Tiere grau.

Der breite, muskulöse Hals besteht aus sieben Halswirbeln, die nicht miteinander verwachsen sind. Anders als beim Hund sind die Schulterblätter schräger gestellt; dadurch verändert sich die Stellung der Vordergliedmaßen, die Atmung wird verbessert und die Beweglichkeit erhöht. Der steif wirkende Nacken und die unregelmäßige, fast hinkende Gangart gab Anlaß zu einem Aberglauben, von dem später noch die Rede sein wird.

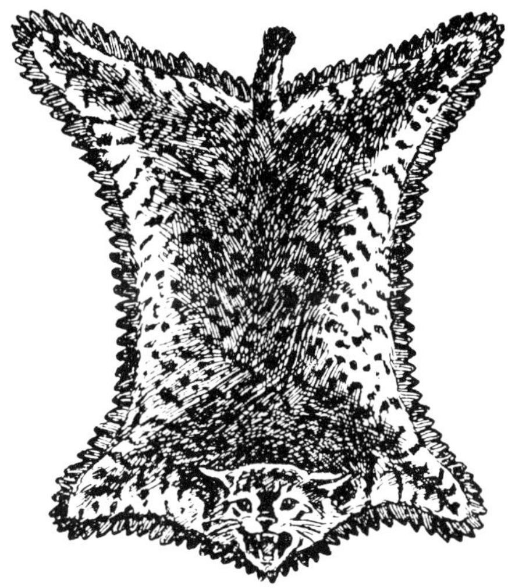

Wolfsfell als Bettvorleger.

Der Lebensraum des Wolfs ist, wie auch sein Verhalten, nur wenig bekannt und sehr umstritten. Er hat sich an die unterschiedlichsten Bedingungen von Vegetation, Landschaft und Klima angepaßt; nur die Wüste und der tropi-

Skelett des Wolfes. Stich von Ducrotoy de Blainville, 1839 – 1864.

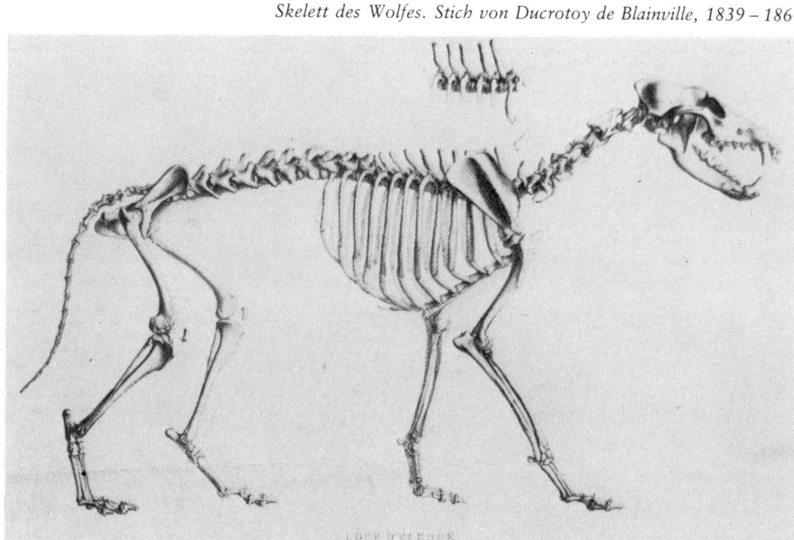

Wolfsfamilie in einer Karikatur. Zeichnung von Cham für den „Charivari", um 1850.

sche Regenwald setzten seinem Vordringen nach Süden Grenzen. Ursprünglich bewohnte er wohl weite, offene Ebenen, aber der unerbittliche Kampf der Menschen gegen ihn drängte ihn mehr und mehr in Rückzugsgebiete ab. Heute hält er sich nur noch in unzugänglichen Gegenden auf, wo er weniger verfolgt wird. Wichtiger als die Art der Umgebung ist die Möglichkeit, ausreichend Beute zu machen. Der Wolf hat eine dem Menschen vergleichbare soziale Organisation und steht im Konkurrenzkampf mit ihm. Wie viele Wildtiere wird er bald nur noch in eigens geschaffenen Reservaten überleben können.

Die jahrtausendelange Verfolgung hat ihn vorsichtig gemacht: tagsüber versteckt er sich in einer dicht bewachsenen Schlucht, im Schilf eines Sumpfes, zwischen Felsen oder in kleinen Höhlen, im dichten Unterholz oder hinter einem gefällten Baum. Zur Not nimmt er auch mit einem verlassenen Fuchsbau vorlieb. Zum Werfen der Jungen sucht die Wölfin ein Gebüsch in Wassernähe auf. Das Nest wird Kessel genannt. Bei Gefahr schleppt sie ihre Jungen weg. Der Wolf verläßt seinen Schlupfwinkel meist erst bei Nacht, um auf Jagd zu gehen.

Für einen Mantel präpariertes Wolfsfell.

Die Organisation der Jagd

Der Wolf ernährt sich im allgemeinen von den Beutetieren seines Jagdreviers. Er ist nicht sehr wählerisch und richtet sich nach dem in seinem Lebensraum vorhandenen Nahrungsangebot. Wenn er Glück hat, erbeutet er Huftiere wie Elche, Damwild, Hirsche, Karibus oder Antilopen. Ist die Jagd weniger günstig, so begnügt er sich mit Eichhörnchen, Bibern, Lemmingen, Mäusen oder sonstigen kleinen Nagern. Zur Not verspeist er auch einen Fuchs oder ein liegengebliebenes Aas. Auch Frösche, Vögel und Pflanzennahrung verschmäht er nicht. Er ist ein guter Schwimmer und fischt mit viel Geschick Gründlinge und Hechte aus dem Wasser. In schlechten Zeiten nimmt er sogar mit Maikäfern vorlieb und kann ohne Schaden mehrere Tage fasten. Für den Menschen ist er ein unliebsamer Konkurrent, der ihm Jagdwild und Vieh wegschleppt und auch Hunde angreift, deren Fleisch er gerne frißt.

Er kann enorme Mengen auf einmal vertilgen. Man sagt ihm nach, daß er bis zu 15 Kilo pro Tag und bis zu einem Fünftel seines Körpergewichts fressen kann, was jedoch übertrieben erscheint. Gérard Ménatory bestreitet das: „Das ist entschieden zuviel, der arme Wolf bekäme sicher fürchterliche Magenkrämpfe, wenn er eine solche Riesenportion auf einmal verschlingen wollte." Die Reste seiner Mahlzeit vergräbt er und bleibt so lange in der Nähe, bis sein Vorratslager aufgebraucht ist. Er tötet also nicht zum Vergnügen.

Manche Wölfe haben nachweislich auch Menschen angegriffen, aber es handelte sich wohl um aus der Art geschlagene Tiere, und solche Fälle kamen mit Sicherheit viel seltener vor, als die Legende behauptet. Die kanadische Regierung hat einen Preis ausgesetzt, falls jemand dem Wolf einen echten Fall von Menschenfresserei nachweisen kann, und bisher hat ihn noch niemand beansprucht.

In seinem Buch „Les mangeurs d'hommes" [die Menschenfresser) stellt Burton fest, daß weder in Europa noch in Asien „die Wölfe einen erwachsenen Menschen angreifen, außer in besonders strengen Wintern, wenn der Hunger sie dazu treibt ... Bei Smolensk in Weißrußland, wo die Invasionstruppen Napoleons durchgezogen waren, gab es viele Wölfe, aber man hatte nie davon gehört, daß sie je einen Menschen angefallen hätten. Im Jahre 1812, als Napoleon auf dem Rückzug war, wurden verwundete Nachzügler der großen Armee zwar von Wölfen belästigt, aber sie waren sicher weniger grausam und hartnäckig in ihren Angriffen als die russischen Bauern."

Auch Robert Hainard teilt diese Meinung: „Fast in jedem Winter wird berichtet, ein Dorf in Lappland sei von Wölfen belagert worden und habe nur durch den Einsatz von Flugzeugen mit Maschinengewehren befreit werden können. Die schwedischen Zoologen lächeln nur über solche Meldungen, denn in ganz Lappland leben nach ihrer Schätzung noch etwa zehn Wölfe ... Ein Rechtsanwalt, der mir bei meinen Forschungen über die Wölfe im Banat behilflich war, besitzt eine umfangreiche Sammlung von Jagdzeitschriften aus der Zeit der österreichisch-ungarischen Monarchie. Leider konnte er den entsprechenden Artikel nicht mehr finden, aber er erzählte mir, eine dieser Zeitschriften habe jedesmal einen Berichterstatter an Ort und Stelle geschickt, wenn ein Mensch angeblich von einem Wolf angefallen wurde. Von hundert derartigen Meldungen waren 99 frei erfunden. Bei dem einzigen echten Fall war das Opfer ein Betrunkener."

Jahrtausendelang machte man den Wolf für natürliche Todesfälle, ungeklärte Verbrechen und erfundene Schandtaten verantwortlich. Er war eine Art Sündenbock des kleinen Mannes, der sich nicht gegen Übergriffe wehren konnte, und die Angst wurde bewußt geschürt. Schon im 2. Jahrhundert n. Chr. sagte der griechische Sophist Zenobius: „Man klagt den Wolf an, ganz gleich, ob er schuldig ist oder nicht."

Die Beobachtungsdaten der Wissenschaftler über Sozialverhalten und Familienleben des Wolfs gehen stark auseinander. Man ist sich weder einig über den Zeitpunkt der Ranz, noch die Dauer der Trächtigkeit, das Verhältnis zwischen Eltern und Jungtieren oder die Technik bei der Jagd. Unumstritten ist lediglich seine hochentwickelte soziale Organisation, die in vieler Hinsicht der des Menschen entspricht.

Die Ranzzeit beginnt im Winter (in Europa und Asien im Februar oder März, im arktischen Amerika Anfang April). Die Weibchen locken die Rüden an, und nach einer ausgiebigen Werbung findet die „Hochzeit" statt; die Paare bleiben meist ein Leben lang zusammen. Gegen

Ende der neunwöchigen Tragzeit sucht sich die Wölfin mit Hilfe des Männchens einen geeigneten Platz in der Nähe einer Wasserstelle. Aus trockenem Laub, Haaren und Moos bereitet sie ein weiches Lager vor und wirft dort in der Regel 4 bis 7 Junge. Das Lager wird in einer flachen Kuhle, einem verlassenen Fuchsbau, einer Höhle oder einem Felsüberhang, in einem hohlen Baum oder einem Biberbau angelegt. Die Jungen kommen hilflos und blind zur Welt, entwickeln sich jedoch erstaunlich rasch. Acht Wochen nach der Geburt werden sie entwöhnt und balgen sich vor dem Bau unter Aufsicht der Eltern oder eines jungen Weibchens, das in deren Abwesenheit als „Babysitter" dient. Die Jungwölfe spielen miteinander oder mit einem Alttier, das die Rolle der Beute übernimmt. Sie sind sehr neugierig und erkunden die Umgebung ihres Verstecks mit einer Kühnheit, die nicht immer nach dem Geschmack der Mutter ist. Schon sehr früh werden sie von den Eltern oder anderen Mitgliedern des Rudels mit vorverdautem Fleisch gefüttert. Von den Alttieren lernen sie durch Beobachtung und Nachahmung, wie die Beutetiere aufgespürt, verfolgt und schließlich überwältigt werden.

Gegen Ende des Jahres sind sie zwar ausgewachsen und können selbst für sich sorgen. Aber erst im Alter von 3 Jahren, nach Erreichen der Geschlechtsreife, werden sie endgültig in das Rudel aufgenommen. Die jungen Wölfe haben nicht gerade ein leichtes Leben; sie lernen die harten Bedingungen des Kampfes ums Dasein kennen, und das schwächste Tier eines Wurfes hat oft keine Überlebenschance.

Beeindruckend ist, mit welcher Hingabe die Eltern ihre Jungen versorgen, wie mutig die Wölfin sie gegen Angriffe verteidigt, und wie rücksichtsvoll die Mitglieder des Rudels sich verhalten. Hilfsbereitschaft und Solidarität sind für alle Tiere einer Gruppe selbstverständlich; sie lassen niemals ihre kranken oder verletzten Artgenossen im Stich und wechseln sich bei schwierigen Aufgaben ab.

Innerhalb dieser hierarchisch aufgebauten Gruppe leben die Wölfe einzeln oder paarweise. Die Grenzen ihres Reviers markieren sie mit ihren Duftdrüsen oder ihrer Losung. Im Winter schließen sie sich zu Rudeln von mindestens fünf bis sechs Tieren zusammen, um gemeinsam auf die Jagd zu gehen.

Für jedes Beutetier gibt es eine besondere Jagdtechnik. Hunde werden an der Kehle gepackt. Deshalb trugen die Hütehunde der Schäfer früher ein mit spitzen Eisennägeln beschlagenes Lederhalsband. Der Wolf weiß

Wölfin vor ihrem Nest („Kessel"). Lithographie von F. Grenier (Journal des chasseurs, 1841).

► *Kosakenposten werden von einer Wolfsmeute angegriffen. Holzschnitt, um 1904.*

Das Wolfsmahl. Aus „La chasse illustrée", 1878.

genau, auf welche Art sich jedes Tier verteidigt: ein Pferd greift er von vorne an, eine Kuh wird von hinten in das Euter gebissen; ein Schwein attackieren sie zu zweit, der eine beißt sich im Ohr fest, der andere springt ihm an die Gurgel. Schafe werden am Hals gepackt und weggeschleppt. Wenn zwei Wölfe gemeinsam jagen, versucht der eine, die Aufmerksamkeit des verfolgten Tieres auf sich zu lenken, während der andere es von hinten angreift. Größere Beutetiere können nur von einer ganzen Meute überwältigt werden. Der Wolf ist von Natur aus ein Großwildjäger, aber einer allein könnte mit einem großen Huftier nicht fertigwerden. Die Jagd in der Meute ist also lebensnotwendig, und sie setzt eine gewisse Arbeitsteilung, Organisation und gegenseitige Verständigung voraus.

Es ist nicht einfach, aus der Spur einer Wolfsmeute auf ihre Kopfzahl zu schließen. Auf der Pirsch tritt jeder Wolf genau in die Fußstapfen des Vordermanns; nur in den Kurven gehen die Spuren auseinander, so daß man sie zählen kann. Farley Mowat, der monatelang im Norden Kanadas Wölfe beobachtete, hat ihre Jagdtechniken genau untersucht. Er stellte fest, daß sich eine Herde von Karibus durch die bloße Anwesenheit von Wölfen kaum beeindrucken ließ. Erst wenn die Wölfe in Angriffsstellung gingen, wurden die Karibus unruhig. „Sie wissen ganz genau, daß sie den Wölfen überlegen sind und normalerweise von ihnen nichts zu befürchten haben. Auch die Wölfe wissen das, und da sie sehr intelligente Tiere sind, machen sie nur äußerst selten Jagd auf ein gesundes Karibu, denn das wäre reine Kraftverschwendung." Bei ihrer Verfolgungsjagd testen die Wölfe ständig die körperliche Verfassung der Tiere und konzentrieren sich auf das schwächste der Herde; auf diese Weise tragen sie zur natürlichen Auslese bei.

Entgegen der landläufigen Meinung betont der Autor auch, „daß der Wolf niemals nur zum Vergnügen tötet, was ihn vom Menschen unterscheidet. Für den Wolf bedeutet es harte Arbeit, ein großes Stück Wild zu erlegen . . . Sobald er genug Fleisch für sich und seine Familie hat, ruht er sich aus und verbringt die Zeit mit Spielen oder etwas, was ich als ‚geselliges Beisammensein' bezeichnen würde."

Die von ihm angegriffenen Tiere suchen nicht immer ihr Heil in der Flucht, und man hat schon öfter Kadaver von Wölfen gefunden, deren Verletzungen von Hörnern stammten. Bei Pferden bilden die Stuten einen Kreis und schlagen nach hinten aus, und die Hengste kreisen die Meute ein, galoppieren wild um die Wölfe herum und versuchen sie durch Bisse und Hufschläge abzudrängen.

Eine derartig hochstehende soziale Organisation setzt die Fähigkeit voraus, sich untereinander zu verständigen. Das schon erwähnte Kenn-

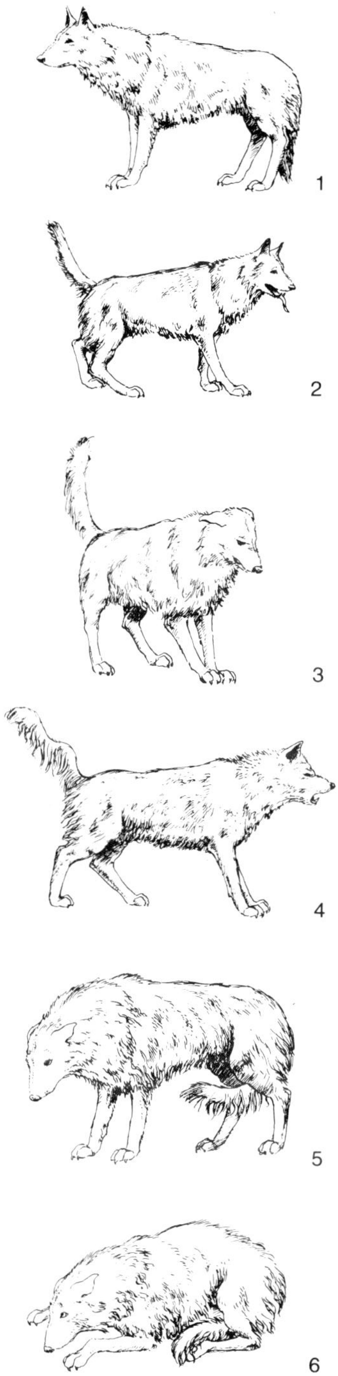

Die Schwanzstellung verrät die Absichten: normale Haltung (1), zutraulich (2), verunsichert, drohend (3), herrschsüchtig (4), unterwürfig (5, 6).

Fährte einer Wolfsmeute (nach Grzimek).

zeichnen des Reviers weist fremde Eindringlinge darauf hin, daß sie diese Grenzen zu respektieren haben. Die Duftmarken werden wöchentlich neu gesetzt und geben, wie es scheint, genaue Informationen über Anzahl, Geschlecht und Alter der Mitglieder eines Clans. Die Bedeutung von Verhaltensweisen, Gesichtsausdruck, Schwanzbewegungen und Körperhaltung wird von dem Artgenossen genau verstanden. Eine freundliche Geste erwidert er mit Freundlichkeit, auf Autorität wird mit Unterwerfung reagiert und von Drohgebärden läßt er sich einschüchtern. Die Physiognomie eines Wolfes drückt deutlich seine jeweilige Stimmung aus; sie kann z. B. Schüchternheit, Drohung, Mißtrauen, Schuldgefühle, Furcht oder Verteidigungsbereitschaft signalisieren. Darüberhinaus ist das Heulen der Wölfe, das den Menschen immer Angst eingejagt hat, für die Tiere sowohl Erkennungszeichen als auch Verständigungsmittel. Es kann bedeuten, daß eine Herde Karibus gesichtet wurde, daß ein Mensch in der Nähe ist oder eine Gefahr droht. Wenn ein einzelner Wolf durch lautes Klagegeheul auf sich aufmerksam macht, kommen die anderen ihm sofort zu Hilfe.

Der „Gesang der Wölfe" ist eines der vollkommensten Verständigungsmittel in der gesamten Tierwelt; für den, der aufmerksam zuhört, ist er eine sehr bewegende und ausdrucksvolle Musik. Jäger, die lange in der Nähe von Wölfen gelebt haben, verstehen diese Sprache und können sich nach dem richten, was sie ihnen mitteilt.

Wolfshatz in Ungarn. Sammelbild, um 1890.

Der Wolf hält das Karibu gesund

Die Wölfe sind aus ihren ehemaligen Verbreitungsgebieten immer mehr zurückgedrängt und oft sogar ganz ausgerottet worden. Dieser erbitterte Kampf des Menschen gegen das Tier soll anhand einiger historischer Daten belegt werden: Um das Jahr 1500 wurden in England ganze Wälder in Brand gesteckt, um ihn zu vertreiben. In Schottland wurde der Wolf im Jahre 1680 ausgerottet, in Irland verschwand er 1770. Das Ausmaß dieses Vernichtungsfeldzugs belegen auch Zahlen aus jüngster Vergangenheit: so wurden in Kasachstan innerhalb von 20 Jahren 20 800 Wölfe abgeschossen; 25 800 Tiere wurden 1949 in der Sowjetunion und 4 000 im Jahre 1958 in Jugoslawien erlegt.

Ein Kongreß von Experten, der 1973 in Stockholm stattfand, ergab folgendes Bild: in Griechenland, Rumänien Jugoslawien, in der Sowjetunion und Nordamerika kommt der Wolf noch verbreitet vor. Völlig ausgestorben ist er dagegen in folgenden Ländern Europas: Irland, Großbritannien, Frankreich, Belgien, den Niederlanden, Dänemark, West- und Ostdeutschland, in der Schweiz, Österreich und Ungarn. In Finnland, Schweden und Norwegen leben nur noch wenige Exemplare, und auch in Portugal, Spanien, Italien, Bulgarien der Tschechoslowakei und Polen ist er stark bedroht. Nur in weiten Teilen der Sowjetunion, in Kanada, wo er 90% des Landes besiedelt, und in Alaska findet er noch günstige Lebensbedingungen vor.

Die Kongreßteilnehmer klagten darüber, daß sie in der Öffentlichkeit kaum mit Verständnis und Unterstützung rechnen können, wenn es darum geht, Maßnahmen zum Schutz und zur Erhaltung der Wölfe durchzusetzen. Hier scheint sich jedoch ein Sinneswandel anzubahnen, denn man erkennt allmählich, daß der Wolf eine wichtige Funktion im Naturhaushalt hat. Im kanadischen Algonkin-Naturpark im Südosten von Ontario, der eine Gesamtfläche von 7 500 qkm hat, konnten Naturforscher nachweisen, daß zwischen Wölfen und Virginiahirschen ein ökologisches Gleichgewicht herrscht. Die Wölfe merzen die schwächsten Tiere aus und sorgen so dafür, daß die Hirsche nicht überhand nehmen. Sie erfüllen damit eine ähnliche Funktion wie der Fuchs. Die Eskimo haben dafür ein Sprichwort: „Der Wolf hält das Karibu gesund."

Durch behördliche Maßnahmen konnte der Schutz der Wölfe verbessert werden. Die Regierungen der Sowjetunion, Kanadas und der USA haben mittlerweile begrenzte Abschußquoten festgesetzt. In Kanada und Alaska wurden die Fangprämien abgeschafft, und es darf auch nicht mehr von Flugzeugen oder Motorschlitten aus gejagt werden. In Kanada dürfen Wölfe nur in Einzelfällen von beamteten Spezialisten geschossen werden, wenn sie in bestimmten Gebieten überhand nehmen.

Mit Unterstützung der UICN startete D. H. Pimlott in Europa eine Kampagne mit dem Ziel: „. . . den Wolf als eine auf der gesamten Nordhalbkugel heimische Art zu erhalten, und zwar aus wissenschaftlichen, erzieherischen und ökonomischen Gründen; seine Rolle als wichtiger Teil eines natürlichen Ökosystems soll der Öffentlichkeit nahegebracht werden, und seine Erhaltung würde eine Bereicherung unserer Lebenswelt sein." Pimlott starb leider, bevor er sein Programm verwirklichen konnte, aber für seine Ziele sollte zäh und beharrlich weitergekämpft werden.

Der Stand der Forschungen über den Wolf berechtigt zu der Hoffnung, daß vielleicht bald mit Unterstützung der Wissenschaft geeignete Maßnahmen zu seinem Schutz und zu seiner Wiedereinbürgerung ergriffen werden.

Vorstehende Seite: Wolfsjagd in Rußland. Phantasiebild von Douglas Mac Pharson.

Der Wolf in der Geschichte

Bilder und Mythen

Wie kam es, daß der Wolf die Phantasie der Menschen so stark beschäftigte und eine solch bedeutende Rolle in der Mythologie des Westens wie des Ostens spielen konnte? Auf diese Frage hat man noch keine befriedigende Antwort gefunden, zumal der Wolf einerseits als grausamer Bösewicht, ein andermal aber auch als Wohltäter angesehen wird, den man religiös verehrt. In ein und demselben Kulturraum kann er beide Gesichter annehmen. Die indische Mythologie bietet dafür gute Beispiele. Im Rigveda, dem ersten der heiligen Bücher der Hindu, bittet ein Frommer die Nacht darum, sie möge den Wolf vertreiben. Auch den Sonnengott Pushan fleht er an, den grausamen und feigen Räuber von den Wegen der Menschen fernzuhalten. In einer anderen Hymne befreien die Acvin am Morgen eine Wachtel aus dem Maul des Wolfes Vrika – ein Symbol für die Befreiung der Morgenröte aus der Höhle der Finsternis. Der Wolf ist hier ein Sinnbild des Bösen, er verkörpert die Schrecken der dunklen Nacht, als Gegenpol des Guten, des strahlenden Tageslichts. Aber im Mahabharata, dem großen Hindu-Epos, heißt einer der Helden Vridokara – „Bauch des Wolfes" –, und dieser Name bedeutet Ehre, Tapferkeit und siegreiches Heldentum. In Indien galt der Wolf zudem als heiliges Tier, und man durfte ihn weder töten noch beleidigen.

Der nordische Kriegsgott Odin mit Wolfskopf. Bronzeplatte aus Schweden.

Auch in Skandinavien ist der Wolf ein zwiespältiges Wesen. Odin, der Göttervater, wird manchmal mit einem Wolfskopf abgebildet und tritt stets in Begleitung der beiden Wölfe Gere und Freke auf; bei dem Festmahl, das täglich zu Ehren der in der Schlacht gefallenen Krieger gehalten wird, machen sie sich über die Reste her. Mit dem Fenriswolf kommt der Weltuntergang, die „Götterdämmerung", die Richard Wagner zu seinem Opernzyklus inspirierte.

Die Wölfin von Rom stillt Romulus und Remus. Holzschnitt von 1506.

Einmal ist er der große Weltverschlinger, ein andermal Städtegründer. So verdankt die Stadt Rom ihre Entstehung dem außergewöhnlichen Mutterinstinkt einer Wölfin. Um 770 v. Chr. wurde Numitor, der Diktator von Alba longa, von seinem Bruder Amulius abgesetzt. Da Rhea Silvia, die einzige Tochter Numitors, als Vestalin Keuschheit gelobt hatte, konnte Amulius sicher sein, daß kein direkter Nachkomme ihm den Thron streitig machen würde. Aber Rhea Silvia wird durch den Kriegsgott Mars geschwängert und bringt die Zwillinge Romulus und Remus zur Welt. Auf Befehl des Tyrannen setzt man die Kinder in einer Holzkiste auf dem Tiber aus, aber sie werden in der Nähe des Palatin ans Ufer getrieben und von einer Wölfin gerettet, die sie wie ihre Jungen säugt. Nachdem sie herangewachsen sind, treten sie das Erbe ihres Großvaters an und beschließen die Gründung einer Stadt an derselben Stelle, wo die Wölfin sie damals gefunden hatte.

Was dann geschah, ist bekannt: es gab einen Streit zwischen dem finsteren, stolzen Romulus und seinem Bruder Remus, der eifersüchtig auf ihn war. Romulus zog mit dem Pflug eine Furche, um die Grenzen der Stadt abzustecken, und verbot dem Bruder, sie zu überschreiten. Als Remus sich nicht daran hält, wird er von Romulus kaltblütig erschlagen. Am Anfang eines mächtigen Weltreichs stand also ein blutiger Brudermord. Die Wölfin aber wurde zum Wahrzeichen Roms. Man errichtete ihr Denkmäler, und auch auf Münzen wurde sie abgebildet.

Zur Erinnerung an die wunderbare Errettung der Begründer, aber auch als Ausdruck der Verbundenheit mit ihrer Stadt feierten die Bürger Roms alljährlich das Lupercalienfest. Es fand vierzehn Tage nach den Kalenden des März (15. Februar) statt. Man opferte einen Bock, eine Ziege oder einen Hund in der Grotte des Lupercal, aus der angeblich ein hungriger Wolf hervorkam. Diese Zeremonien sollten den Wohlstand der Stadt sichern. Sowohl der Wolf als auch der Bock haben die Bedeutung von Fruchtbarkeitssymbolen („Lupercus" leitet sich ab von lupus-ircus, d. h. „Wolf-Bock").

Doch schon vor der Gründung Roms spielte der Wolf eine bedeutende Rolle im religiösen Brauchtum vieler Völker.

Bei den Sabinern wurde der Wolf auf dem Berge Saractus verehrt. Es gab einen besonderen Kultbund, dessen Mitglieder über glühende Holzscheite gehen konnten, ohne sich zu verbrennen. Um die Zerstörung ihres Landes abzuwenden, hatte ein Orakel ihnen auferlegt, „zu werden wie die Wölfe, die sich ihre Beute aus der Herde holen und dabei durch das Feuer springen, das die Schäfer zum Schutz ihrer Tiere angezündet haben." Sie waren sozusagen Wolfsmenschen oder „hirpi", wie die Sabiner die Wölfe nannten.

Der Wolf ist nicht nur Städtegründer, sondern auch Vater von Herrschergeschlechtern: Dschingis Khan, der berühmte mongolische Eroberer (1162–1227) war stolz auf seine Abstammung von einem mythischen Wolf namens Bört-a-Tchao, der vom Himmel herabgestiegen war, um sich mit einer Rehprinzessin

Römische Münze.

Der Kriegsgott Mars mit einem Wolfsgespann. Holzschnitt aus der „Chiromancia" von Jean de Hayn, 1531.

zu vermählen. Diese Ursprungsmythe ist bei den Turktataren sehr verbreitet. So war es bei den Tu-Kiu Brauch, daß der Stammesfürst alljährlich zu einer Höhle ging, in der die Ahnen des Stammes von einer Wölfin geboren worden waren, um dort ein Opfer zu bringen.

Im alten Ägypten gab es eine dem Wolfskult geweihte Stadt, Lykopolis. Der Wolfsgott Upuaut war der Wächter der Nekropole und Gott des Totenreichs; sein Name bedeutete wörtlich „Wegbereiter". Er führte die Krieger sicher ins Land des Feindes und steuerte auch die Sonnenbarke auf ihrer gefährlichen Reise durch die Nacht. Nach Diodor hat dieser besondere Kult seinen Ursprung in einer Legende: in der Gegend von Elephantine soll ein Heer von Wölfen die Äthiopier in die Flucht geschlagen haben, als sie in das Land eindringen wollten.

Auch in Griechenland galt der Wolf zuweilen als Beschützer des Menschen. In Argos verehrte man ihn als Bezwinger des schrecklichen Stieres, der das Land verwüstete. Pausanias berichtet von einem Dieb, der das Heiligtum des Apollo in Delphi ausgeraubt hatte und von einem Wolf zerrissen wurde. Den gestohlenen Schatz brachte man wieder in den Tempel zurück und errichtete dem Wolf ein bronzenes Standbild in der Nähe des Altares. Der Gott der Schönheit wurde bei den Griechen oft in Begleitung eines Wolfs dargestellt. Bei vielen Völkern der Antike war die Erlegung eines Wolfs mit gewissen Riten verbunden; die Athener veranstalteten eine große Geldsammlung, um ihn ehrenvoll zu begraben, bei den Jakuten hängte

Ägyptische Münze.

Lykaon wird in einen Wolf verwandelt. Aus den „Metamorphosen" des Ovid, Stich Ende 16. Jh.

man den abgezogenen Kadaver an einen Baum, um den Geist des Waldes zu versöhnen.

Nach Strabo hießen die Daker, die zwischen Theiß, Dnjestr und Donau siedelten, ursprünglich „daoi“, d. h. die „Wolfsähnlichen“. Die Skythen im Norden des Kaspischen Meeres trugen den gleichen Namen. Mircea Eliade meint dazu: „Wenn ein Volk seinen Namen auf ein Tier zurückführt, so hat dies immer einen religiösen Hintergrund.“ Nach ihm sind drei verschiedene Auslegungen möglich: entweder leiteten die Daker sich von einem wolfsähnlichen Gott oder Urahnen ab, oder von einer Gruppe von Flüchtlingen, die sich wie Wölfe verstecken mußten, oder aber sie führten ein Leben wie junge Krieger, also räuberisch wie Wölfe. „Aus mythologischer Sicht könnte man sagen, daß dieses Volk unter dem Zeichen des Wolfes stand und ihm daher Krieg, Eroberung und Vertreibung vorherbestimmt waren.“ Das Dakerreich wurde von Trajan unterworfen und von römischen Kolonisten, den Vorfahren der heutigen Rumänen, besiedelt.

Oft ist der Wolf jedoch ein Symbol der Grausamkeit und des Verderbens, ein Inbegriff des Bösen. Zeus, der höchste Gott der Griechen,

Holzschnitt aus „Die reißenden Wölfe“ von R. Gobin, 1510.

verwandelte den Tyrannen Lykaon von Arkadien, der ihn beleidigt hatte, zur Strafe in einen Wolf, „die Verkörperung der Wildheit“.

Im neuen Testament finden wir eine ähnliche Auffassung; da sind auf der einen Seite die Schafe und Lämmer, die dem „guten Hirten“ folgen, auf der anderen die Wölfe, die dem Teufel verfallen sind. In der Bergpredigt sagt Jesus zu den Aposteln: „Hütet euch vor den falschen Propheten. Sie kommen zu euch in Schafskleidern, inwendig aber sind sie reißende Wölfe.“ Bei der Aussendung der Apostel heißt es: „Seht, ich sende euch wie Schafe mitten unter die Wölfe. So seid denn klug wie die Schlangen und arglos wie die Tauben.“

In der jüdischen Mythologie ist der Wolf ein unreines Tier, wie auch Hase, Fledermaus, Löwe und Fliege. Man darf ihn weder verzehren noch Gott zum Opfer darbringen. Auch im Alten Testament taucht er auf: „Die Fürsten von Jerusalem gleichen den räuberischen Wölfen; denn sie vergießen Blut und stürzen Menschenleben ins Verderben des niedrigsten Gewinnes wegen.“ In der Vision des Propheten Isaias von einem Reich des ewigen Friedens heißt es jedoch: „Der Wolf ist bei dem Lamm zu Gast, der Panther lagert bei dem Böcklein, und Kalb und Löwe fressen miteinander; ein kleiner Knabe treibt sie aus.“ Die Versöhnung von Wolf und Lamm bedeutet die Wiederkunft des langersehnten „Goldenen Zeitalters“, die Hoffnung auf eine bessere Welt, in der Friede herrscht.

Hin und hergerissen zwischen Furcht und Verlockung hat der Mensch dieses Tier verflucht, aber auch verehrt. Er sah in ihm sowohl die Macht des Bösen als auch einen Beschützer der Menschheit. Liebe und Haß übersteigern sich zu einem Mythos und machen den Wolf zu einem zwiespältigen Wesen, in dem sich die Leidenschaften des Menschen widerspiegeln.

Prähistorische Skelettfunde in Grotten und Höhlen belegen, daß es schon im frühen Quartär Vorfahren unserer heutigen Hundeartigen gab. Aber selbst Spezialwissenschaftler können in den meisten Fällen nicht eindeutig feststellen, ob diese Knochenreste von Wölfen oder Hunden stammen. Eine der ältesten Darstellungen von Wölfen wurde in der Grotte von Font-de-Gaume bei Les Eyzies in der Dordogne entdeckt. Welche Bedeutung hatte der Wolf für die damaligen Menschen? Wir können nur Vermutungen anstellen. Vielleicht war er nur eines von vielen Raubtieren, gegen die sich der Mensch der Vorzeit zur Wehr setzen mußte. Jedenfalls ist es sehr unwahrscheinlich, daß er ihn zu Nahrungszwecken gejagt hat. Man weiß jedoch, daß der Hund schon vor mehr als 8 000 Jahren in nordischen Ländern zum Haustier wurde. Er hatte sich dem Menschen angeschlossen und ernährte sich von den Resten der Jagdbeute.

Vorgeschichtlicher Mensch kämpft mit Wölfen. Holzschnitt, Moskau 1923.

Wolfsdarstellung aus einer französischen Grotte.

Für die Menschen der Antike war der Wolf ein Teil ihrer Lebenswelt, denn er ist häufig auf Gebrauchsgegenständen abgebildet. Schon im 1. Jahrhundert v. Chr. prägten die keltischen Remer, die im heutigen Département Aube lebten, bronzene Münzen mit einem Wolfskopf. Auf einer Münze, die den Carnuten aus der Gegend von Chartres zugeschrieben wird, sitzt ein Wolf auf dem Rücken eines Pferdes; bei den eburovicischen Aulerkern (Département Eure) ist ein Wolf mit einem Reiter dargestellt. Bronzemünzen mit einem Wolfskopf fand man auch bei Vendôme und Poitiers, wo im 1. Jahrhundert v. Chr. die Bituriger ansässig waren. Da der Wolf so oft auf keltischen und gallorömischen Münzen abgebildet ist, muß er damals sehr verbreitet gewesen sein. Die Prägestempel zeigen das Tier meist in Angriffsstellung, aber auch mythologische Themen kommen vor.

Die Merowinger benutzten ebenfalls Münzen mit einem Wolfskopf, und einige gallorömische Stücke aus der Zeit nach dem 3. Jh. zeigen die römische Wölfin, die Romulus und Remus säugt.

Der Wolf kommt!

In unserer Zeit heult der Wolf verzweifelt hinter den Gittern seines Käfigs oder rennt in einem nur wenige Quadratmeter großen Gehege ständig auf und ab. Bis zum Beginn des 20. Jhs. aber war er in allen Waldgebieten Europas verbreitet. Das erklärt zum Teil die vielen unglaublichen, phantastischen Geschichten, die über ihn in Umlauf waren, und schlug sich auch in Redewendungen der Umgangssprache nieder. Heute kann man mit dem „großen bösen Wolf" höchstens noch kleine Kinder erschrekken. Man nimmt ihn nicht mehr ernst, aber früher war die Angst vor dem Wolf kein leeres Gerede, sie saß tief in den Menschen. Hungrige Wölfe mit glühenden Augen suchten die Herden heim und kamen sogar bis in die Städte, wenn sie nichts zu fressen hatten. Wegen des wirtschaftlichen Schadens, den sie anrichteten, erließ der Staat Gesetze und Verordnungen zu seiner Vernichtung. Die Bauern versuchten mit ihren bescheidenen Mitteln, ihn unschädlich zu machen, und lieferten ihm einen erbitterten Kampf.

Gallo-römische Münzen.

Aber waren die Wölfe wirklich eine Gefahr für die Menschen? Das ist schwer zu sagen, denn in der Phantasie des einfachen Volkes wurden Vorfälle aufgebauscht und übertriebene Zahlen genannt. Da war von „entfesselten Meuten“ die Rede, wenn in Wirklichkeit nur ein oder zwei hungrige Wölfe aufgetaucht waren, und vereinzelte Übergriffe gaben Anlaß zu blutrünstigen Schauermärchen. Zwar kam es häufiger vor, daß ein Mensch von einem Wolf verfolgt wurde, aber angefallen oder gebissen wurde er nur selten. Kam es wirklich einmal zu einem Angriff, so handelte es sich meistens um tollwütige Tiere; manchmal waren sie ausgehungert durch einen besonders harten Winter oder infolge eines Krieges, der Hungersnot und Seuchen mit sich brachte. Ein tollwütiger Wolf bedroht jedes Lebewesen, das sich ihm in den Weg stellt. Die Berichte von derartigen Attakken waren allerdings maßlos übertrieben, denn sie betrafen nur einen verschwindend geringen Bruchteil der Gesamtheit: von 5 351 erwachsenen und jungen Wölfen, die in Frankreich 1802 getötet wurden, waren nur 22 von der Tollwut befallen, d. h. weniger als 0,4 %. Aber das Verhalten einiger kranker Tiere wurde der gan-

Kupferstich aus „In miracula et beneficia S. S. Rosario“, Paris 1611.

zen Gattung angelastet und war wohl mit eine Ursache für die panische Angst vor dem menschenfressenden Wolf, lange bevor die „Bestie von Gévaudan“ ihr Unwesen trieb. Bei nüchterner Betrachtung kommt man zu dem Schluß, daß der Wolf in seiner Gefährlichkeit für den Menschen wohl stark überschätzt worden ist.

Man mußte wachsam sein gegenüber einem Wesen, das halb Tier, halb Dämon war und über außergewöhnliche Macht zu verfügen schien. Es war nicht nur ein Raubtier, das die Herden bedrohte – eher ein blutrünstiger Teufel, der überall sein Unwesen trieb, das Denken der Menschen beherrschte und die Schäfereien heimsuchte. „Wissenschaftler“ aller Epochen stellten allen Ernstes die haarsträubendsten Behauptungen über ihn auf. Abergläubische Praktiken, Beschwörungsriten und magische Formeln waren der Ausdruck eines Gefühls respektvoller Angst. Jean Delumeau warf die Frage auf, „warum die Rolle der Angst in der Geschichte bisher noch nie untersucht wurde.“ Er beschäftigte sich eingehend mit den individuellen und kollektiven Ängsten unserer Vorfahren. Der Wolf hat hier den gleichen Stellenwert wie echte Gefahren, beispielsweise Kriege, Hungersnöte und Seuchen, oder nur vorgestellte wie der Teufel. Geschichten, die man sich erzählte, Gerüchte und Predigten über die „wohlverdiente Strafe Gottes“ taten das ihrige, um diese Ängste noch zu verstärken. „Wenn man vom Inhalt der Märchen und Fabeln auf das damalige Leben rückschließt, so muß der Ruf: ‚der Wolf kommt' oft zu hören gewesen sein. Ob es nun stimmte oder nicht, in jedem Fall war dieser Ruf eine Warnung vor großer Gefahr und löste manchmal sogar eine Panik aus. Für das ‚kollektive Unbewußte' war der Wolf vielleicht ‚ein finsterer Bote aus der chthonischen Welt' (Lévy – Strauss). Auf der bewußten Ebene war er der blutdürstige Feind des Menschen und seiner Herden, ein ständiger Begleiter von Hunger und Krieg.“

In dem von 1405 bis 1442 entstandenen „Tagebuch eines Pariser Bürgers“ wird das Vorkommen von Wölfen in der Stadt geschildert. Sechs Abschnitte dieses umfangreichen Werkes berichten über von ihnen verübte Untaten in der nächsten Umgebung und sogar in der Hauptstadt selbst.

Im Frühjahr 1421 war es sehr kalt. Unter den Bürgern von Paris, die schon durch den Hundertjährigen Krieg und den Konflikt zwischen Armagnac und den Burgundern einiges durchgemacht hatten, herrschte eine Hungersnot, und es gab viele Tote. Im Frühsommer waren die Wölfe so ausgehungert, daß sie sogar die Toten ausgruben, die man auf dem Lande und in den Dörfern in aller Eile beerdigt hatte. Nachts drangen sie bis in die Dörfer vor, liefen durch die Straßen und überquerten sogar Wasserläufe: „Oft schwammen sie durch die Seine und andere Flüsse“, heißt es in dem Tagebuch. Sie begnügten sich nicht mit den Leichen der Verstorbenen, sondern entwendeten auch ganze Schinken, die an den Türen aufgehängt waren, und griffen Menschen, vor allem Frauen und Kinder an.

Ende Juli 1423 kamen sie bis in die Hauptstadt hinein. Einige von ihnen wurden getötet, an den Hinterbeinen aufgehängt und so durch die Straßen getragen. Die Passanten spendeten Geld für die Jäger, und dieser Brauch ('quête du loup') hielt sich auf dem Lande bis ins 19. Jahrhundert. Gegen Ende des Hundertjährigen Krieges, in den Jahren 1438 – 39, wurden die Wölfe immer dreister, und die Angriffe auf Menschen häuften sich. Ende 1438 „kamen sie nach Paris und töteten viele Hunde, und einmal haben sie nachts auf der Place aux chats hinter der Rue des Innocents ein Kind aufgefressen“.

Im Jahre 1493 herrschte helle Aufregung: in den Weinbergen und Gärten zwischen dem Montmartre und der Porte St. Antoine hatten einige wahrscheinlich tollwutkranke Wölfe 13 Personen, Erwachsene und Kinder angefallen. Eine dieser Bestien war schwanzlos und brachte es unter dem Beinamen „Courtaut„ (der Kurze) zu trauriger Berühmtheit: „Und er war so berüchtigt wie ein wilder Räuber im Wald oder ein grausamer Armeehauptmann, und man sagte den Leuten, die aufs Feld gingen: Hütet euch vor Courtaut.“

Die letzten in diesem Tagebuch erwähnten Vorfälle ereigneten sich im Jahre 1439. Am 16. Dezember wurden vier Frauen von Wölfen zerrissen, und am darauffolgenden Freitag fielen ihnen in der Umgebung von Paris siebzehn Personen zum Opfer; elf davon erlagen ihren schweren Verletzungen.

In diesen unsicheren Zeiten waren solche Übergriffe nicht selten. Ähnliche Zwischenfälle gab es im Jahre 1440 vor den Toren von Orléans und 1482 in der Gegend von Metz.

Paul Murray Kendall beschreibt in seiner Biographie über Ludwig XI., wie der König 1471 an der Somme bei strömendem Regen anhalten ließ, „um einem armen Mann Geld zu geben, der von einem tollwütigen Wolf gebissen worden war."

Im Jahre 1583 erläßt Heinrich III. ein Edikt zur Bekämpfung der Wölfe, da sie „das Vieh aus den Stallungen und Gehöften unserer armen Untertanen rauben." 1595 kommen die Wölfe wieder nach Paris, und der Chronist Pierre de l'Etoile berichtet, einer von ihnen habe die Seine durchschwommen und auf der Place de Grève ein Kind aufgefressen.

Im 17. Jahrhundert wimmelte es von Wölfen im Pariser Becken, der Normandie, in Maine, Lothringen und dem Zentralmassiv. Als die Soldaten nach dem Frieden von Ryswick in ihre Heimatstadt Orléans zurückkehrten, rief der Stadtrat zu einer großen Treibjagd auf, da die Einwohner sich der Wölfe kaum noch erwehren konnten. Diese Treibjagden wurden in der ganzen Gegend durchgeführt, und man erlegte über 200 Tiere. Auch in den Wäldern von Berry hatten sie sich stark vermehrt, und Ludwig XIV. ordnete im Februar 1697 an, „daß Jäger und Treiber auf den Wolf Jagd machen sollten."

Im 17. Jahrhundert häufen sich die wirtschaftlichen Schäden durch Wölfe. Vor allem Schafherden werden stark dezimiert. Das Ausmaß der Verluste läßt sich nur schwer abschätzen, denn die Phantasie trieb auch hier ihre Blüten. Aber sogar Diderot und d'Alembert schreiben in ihrer großen Enzyklopädie, daß der Wolf kein Haustier verschont, „und am hellichten Tage Lämmer, Zicklein, junge Hunde und anderes Vieh angreift und wegschleppt... Er gräbt sich unter Türen durch und richtet ein grausiges Blutbad an, bevor er mit seiner auserwählten Beute das Weite sucht."

Dann und wann wurde von schrecklichen Bluttaten und wiederholten Attacken auf Männer, Frauen und Kinder berichtet. Die mündliche Überlieferung schmückte diese Berichte aus und machte so manchen Wolf zu einem unsterblichen, dämonischen Ungeheuer. Im Jahre 1764 wurde in Gévaudan ein kleiner Hirtenjunge aufgefressen. Er war das erste Opfer der legendären „Bestie von Gévaudan", die zehn Jahre lang die Bauern der ganzen Provinz in Furcht und Schrecken versetzte, und zu deren Bekämpfung hohe Jagdbeamte des Königs aufgeboten wurden.

Sechs Wölfe greifen Bauern in einem deutschen Dorf an und zerreißen ihre Kinder. Holzschnitt 1566.

Die Bestie von Gévaudan

Im Frühsommer 1764 klagen im Gebiet von Vivarais und Gévaudan die Kinder über das Treiben einer „Bestie“, die ihre Herden überfällt. Das Tier macht vor allem die Gegend von Langogne unsicher, und bald spricht man in den Bergen von Gévaudan nur noch von dem „Biest“ (la Bestio) oder der „menschenfressenden Bestie“. Sie hat „einen großen, breiten Kopf wie ein Kalb und eine spitze Windhundschnauze. Ihr Fell ist rötlich mit schwarzen Streifen am Rücken, die Brust breit und grau behaart, ihre Vorderpfoten sind etwas kürzer als die Hinterbeine, und der Schwanz ist lang und buschig. Beim Laufen macht sie große Sätze und spitzt dabei die Ohren, aber sonst geht sie sehr langsam ... Wenn sie ein Schaf auffrißt, stellt sie sich dabei auf die Hinterbeine; in dieser Stellung kann sie einen Reiter angreifen, denn sie ist größer als ein kräftiger Wolf. Am liebsten mag sie das Blut, den Kopf und die Zitzen, auch kommt sie immer wieder zu einem Kadaver zurück, von dem man sie vertrieben hat, und wenn derselbe nicht mehr da ist, leckt sie das Blut vom Boden auf.“

Nach dieser Beschreibung gleicht die Bestie eher einem Fabeltier, das einer Legende oder einem Märchen entsprungen ist, als einem gewöhnlichen Wolf. In der regen Phantasie der Zeitgenossen wird die Bestie von Gévaudan bald zu einer Symbolfigur menschlicher Urängste. Sie erlangt nationale Berühmtheit und zieht alle Franzosen in ihren Bann, auch wenn sie selbst von der „schrecklichen Bestie“ nichts

Die „Bestie von Gévaudan“, Stich 18. Jh.

zu befürchten haben. Sobald von Gévaudan die Rede ist, spricht man in Paris nur noch vom „Land der Bestie".

Gegen Ende des Jahres wird von erneuten Angriffen berichtet; in Gévaudan greift die Panik um sich, und sobald sich auch nur ein Wolf oder ein anderes Tier in Wald und Flur zeigt, glaubt man die Bestie zu sehen. Der Pfarrer von La Besseyre sammelt Berichte von Augenzeugen und versucht eine „wissenschaftliche" Beschreibung: „Das Tier hat eine gewisse Ähnlichkeit mit dem Wolf, aber es gibt einige wesentliche Unterschiede. Dieser Menschenfresser bewegt sich nur in großen Sätzen und Sprüngen fort und läßt die Erde unter seinen Schritten erbeben. Rückwärts läuft er ebenso schnell wie vorwärts; er ist viel größer als ein Wolf, vor allem, wenn er das Fell sträubt . . . An den Seiten hat er rötliche und schwarze Flecken, der Hals ist dick und sehr kurz, die Schnauze stumpf, der Kopf ist abgeflacht, und ein schwarzer Streifen zieht sich von den Schultern bis zur auffallend buschigen Schwanzspitze."

Dem Bischof von Mende kommt dies sehr gelegen; er erklärt, das Tier sei von Gott gesandt worden, um die Menschen für ihre Sünden zu strafen. Die Stimmung unter der Bevölkerung wird dadurch noch mehr angeheizt, und man zittert schon beim Kläffen eines streunenden Hundes. In einem Hirtenbrief, der in sämtlichen Pfarreien und Sprengeln der Diözese ausgehängt wird, fordert der Bischof zum öffentlichen Gebet auf. Darin heißt es:

Detail aus einem volkstümlichen Stich von 1764.

„Allein eure Sünden haben dieses Unheil über euch gebracht. In der Heiligen Schrift gibt es viele Beispiele für ein Strafgericht wie dieses . . . Erst wenn Gott sich unserer erbarmt, werden die Heimsuchungen ein Ende haben." Die Bußgebete beginnen am 6. Januar 1765 in der Kathedrale von Mende und werden in der gesamten Diözese an den drei darauffolgenden Sonntagen abgehalten.

Offensichtlich finden sie kein rechtes Gehör, denn die Angriffe des Tieres gehen weiter, und der Schaden wird immer größer. Der Dragonerhauptmann Duhamel wird mit 60 Mann seines

Holzschnitt aus einem Bilderbogen aus Rouen, 18. Jh.

Regiments abkommandiert, um das Ungeheuer zu fangen, aber es hat sich inzwischen nach der Auvergne verzogen und taucht sogar in Rouergue auf. Duhamel kann nichts ausrichten, und inzwischen vergreift sich die Bestie auch an Menschen. Schon im November 1764 wurde in der Pfarrei Aumont eine Witwe aufgefressen, und nun überfällt das Untier sieben Hirtenkinder aus Chanaleilles, die mit ihren Herden auf einem der höchsten Berge von Gévaudan weideten.

Ludwig XV. ist außer sich über diese Vorfälle und den Mißerfolg Duhamels. Im Januar 1765 läßt er überall in der Auvergne und in Languedoc verkünden: „Der König zahlt 6 000 Livres demjenigen, der diese Bestie erlegt, und wenn sie tot ist, sollen Fell und Skelett nach Paris geschickt werden, damit man sie im Garten des Königs zur Schau stellen kann."

Doch die Jagd auf örtlicher Ebene führt nicht zum Ziel. Daher werden vom 7. bis 11. Februar 1765 allgemeine Treibjagden mit einem Aufgebot von 20 000 Bauern abgehalten – wieder ohne Ergebnis. Diese Mißerfolge werden Duhamel angelastet. Mehr erhofft man sich von Sieur Denneval, einem erfahrenen Wolfsjäger, der in der Normandie nicht weniger als 1 200 Wölfe erlegen konnte. Im März 1765 bei seiner Ankunft in Gévaudan geht die „Bestie" wieder um. Am 11. des Monats wird am hellichten Tage die kleine Marie Pounhet vor dem Haus ihrer Eltern überfallen „von einem wilden Tier oder Menschenfresser, dessen Namen oder Art man nicht genau bestimmen konnte ... Besagte Marie Pounhet hatte Bißwunden an beiden Oberschenkeln, der Bauch war aufgeschlitzt, so daß die Gedärme hervorquollen, und ihr Gesicht war zerfetzt von den spitzen Zähnen des grausigen Tieres."

Detail aus einem volkstümlichen Holzschnitt von 1764.

Auffällig ist das Schwelgen in makabren Einzelheiten, wenn die gräßlichen Untaten der Bestie geschildert werden. Der Pfarrer von Javols erzählt, wie der neunjährige François Fontugue am 29. März gefressen wurde: „Er wurde von der wilden Bestie gepackt und bis zum Gewann von Fonfreigne geschleppt. Dort fand man ihn mit Bißwunden am Kopf. Lunge und Herz waren aufgefressen, Brust und Hals zerrissen, die Gedärme hingen bis zu den Beinen herunter, kurz, es war ein schauerlicher Anblick. Der zerfetzte Leichnam wurde heute morgen zu mir gebracht, und wir haben ihn begraben, wie es Brauch ist."

Nachdem er den Abzug des glücklosen Duhamel und seiner Dragoner durchgesetzt hat, geht Denneval ans Werk. Ende April beginnt eine große Jagd, die bis Ende Juni dauert, ohne daß das Tier gefangen wird. Der König löst ihn daher ab und entsendet den königlichen Arkebusier und Jagdleutnant Antoine de Beauterne. Dieser kommt in Begleitung berühmter Jäger und glaubt nach kurzer Zeit, dem Treiben des Ungeheuers ein Ende gesetzt zu haben. Im September wird bei einer Jagd auf den Ländereien der Abtei von Cheyes ein riesiger Wolf erlegt; sein Körper trägt Narben und Spuren von Bleigeschossen. Das Tier wird ausgestopft und zum Hofe des Königs geschickt. Mitte Oktober werden auch die Wölfin und zwei Junge erlegt, die mit ihm zusammen waren, und die Unglücksfälle hören auf.

Allerdings nicht für sehr lange, denn schon 1766 gibt es neue Opfer. Im März berichtet Lasfonds, ein Verwaltungsbeamter von Gévaudan, dem Intendanten von Montpellier, daß die Greueltaten wieder begonnen haben: „Die wilden Tiere, die sich 6 Monate lang ruhig verhielten, verwüsten wieder das Land. Am letzten Dienstag wurde in Montchauvet ein achtjähriges Kind namens Jean Bergougnoux überfallen und weggeschleppt, als es gegen sechs Uhr abends die Ochsen seines Vaters zur nahen Tränke führte. Die Ochsen fingen plötzlich an zu muhen. Daraufhin lief der Vater des Jungen mit anderen Leuten herbei, und sie sahen ein Tier, das etwas im Maul wegtrug. Sie konnten nicht genau erkennen, was es war, denn das Tier verschwand gerade in einem Wald, und so liefen sie hinterher. Dort fanden sie zunächst die Holzpantinen und den Hut des Kindes, hundert Schritte weiter den Jungen selbst, den die Bestie dort fallengelassen hatte. Er blutete stark aus einer verletzten Halsschlagader; das Tier hatte ihn offenbar an der Wange gepackt, die ebenfalls Bißwunden aufwies. Der übrige Körper war unversehrt, und selbst die Kleider waren ganz geblieben. Man brachte den Jungen nach Hause, wo er eine halbe Stunde später verschied."

Beauterne hat inzwischen das Land verlassen, in dem Glauben, die Bestie vernichtet zu haben. Nun will der junge Marquis d'Apcher sein Glück versuchen. Die Einwohner der Gegend veranstalten Bittgottesdienste und Wallfahrten, damit Gott diese Geißel von ihnen abwende. Im Verlauf einer von Apcher geleiteten Jagd bringt am 19. Juni 1767 Jean Chatel einen riesigen Wolf zur Strecke, und zwar in der Nähe von Saugues im Wald von Tenazeyre. Man munkelte, der Mann sei ein Zauberer; er habe angeblich sein Gewehr segnen lassen und aus Medaillen mit dem Bild der Muttergottes seine Kugeln gegossen. Der Wolf wird einbalsamiert und zum Hof nach Versailles geschickt, aber bei der Ankunft hat sich der Körper schon so weit zersetzt, daß er nicht mehr untersucht werden kann, und der Jäger kommt nicht in den Genuß der ausgesetzten Belohnung. Eine Woche später wird auch die Wölfin gefangen, und die Übergriffe hören schlagartig auf. Aber noch über Jahre wird man sich in Gévaudan an langen Winterabenden so manche Schauergeschichte von der geheimnisvollen Bestie erzählen.

War dieser Wolf die Bestie von Gévaudan? Diese Frage wird wohl niemals eindeutig beantwortet werden können. Man hat vermutet, in Wirklichkeit habe ein vom Blutrausch besessener Sadist oder ein Wahnsinniger unter dem Deckmantel der Bestie diese Morde begangen. Xavier Pic weist diese Hypothese jedoch nach eingehendem Studium der Archivmaterials zurück: „Alles findet eine ganz natürliche Erklärung, wenn man sich nicht auf abenteuerliche Spekulationen über das wahre Wesen der Bestie von Gévaudan einläßt und sich an die Fakten hält. Man kann nach Lage der Dinge davon ausgehen, daß in den schlimmen Jahren 1764 – 1767 die Gegend von Gévaudan und die Auvergne von Wölfen heimgesucht wurden. Nachdem Antoine de Beauterne und die Jäger des Marquis d'Apcher diese Wölfe zur Strecke gebracht hatten, gab es keine weiteren Opfer, es wurde niemand mehr gefressen, die Bestie war verschwunden, und es gab auch keinen Mörder oder wahnsinnigen Sadisten."

Wie dem auch sei, eine bedeutende Zahl von Menschen kam damals ums Leben: in einem Zeitraum von zweieinhalb Jahren wurden hundert Personen totgebissen (68 in Gévaudan, 30 in der Auvergne, eine im Vivarais und eine in Rouergue). Unter den Todesopfern waren 68 Frauen. Daneben waren es vor allem Kinder, kleine Hirtenjungen und -mädchen unter 15 Jahren, die sich kaum wehren konnten.

In seiner „Histoire de la France rurale" berichtet Le Roy-Ladurie: „Die damaligen Vorfälle haben in ganz Frankreich ein Echo gefunden, vor allem durch volkstümliche Bilderbogen, Broschüren und Berichte, die von ‚fliegenden Händlern' unter die Leute gebracht wurden. In der populären Literatur finden überregionale Nachrichten nur in folkloristischer Verbrämung ihren Niederschlag, und die Ereignisse werden zu Mythen wie die Bestie von Gévaudan oder von Mandrin." Durch die Verbreitung solcher Berichte unter den Bauern „verdichtet sich das Treiben verschiedener Wölfe zum Inbegriff einer menschenfressenden Bestie, einem Werwolf, den die Hölle ausgespien hat."

„Die ‚Bestie' wurde von den Massenmedien des 18. Jahrhunderts, Bilderbogen und ‚fliegenden Blättern' ausgeschlachtet, sie war Gesprächsthema sowohl bei Hofe wie auch in den einfachen Hütten der Bauern. Dies alles trug dazu bei, sie in nie dagewesener Form zum Schrecken der Nation und sogar des Königshauses werden zu lassen. In ihr vermischte sich die apokalyptische Sensationsmeldung mit der Angst vor dem Werwolf, die seit jeher tief in der bäuerlichen Kultur verwurzelt war. Als zugleich komische und blutrünstige Gestalt versetzt die Bestie die gesamte Nation in Aufruhr, sie rührt an die Tiefen der Volksseele: es ist wie ein Vorgeschmack der Schreckenstage von 1789."

Aber Gévaudan war nicht die einzige Gegend, in der eine rätselhafte, schaurige Bestie wütete. Zur gleichen Zeit und auch später ereignen sich überall in Europa ähnlich dramatische Vorfälle. Warum gingen nicht auch sie in die uns überlieferte Volkstradition ein? Es mag daran liegen, daß die Bestie von Gévaudan schon einen festen Platz in der volkstümlichen Gedankenwelt eingenommen hatte, aber einige ihrer „Kollegen“ brachten es auf regionaler Ebene gleichfalls zu einem gewissen Ruhm.

Im Gebiet von Orléans wurde 1814 die Bestie von Chaingy zum Star der volkstümlichen Bilderbogen. Am 6. Dezember hatte sie acht Frauen und Kinder gefressen oder verletzt, die in den Wäldern von Chaigny und Huisseau Brennholz sammelten. Da die regionalen Archive der zuständigen Behörde durch einen Brand zerstört wurden, sind wir auf die Darstellung in drei zeitgenössischen Bilderbogen angewiesen, die sich heute im Museum für Geschichte und Archäologie der Stadt Orléans befinden. In ihrer sprachlichen Gestaltung zielen sie darauf ab, ein möglichst dramatisches Bild der Ereignisse zu geben, aber gleichzeitig soll der Text auch die aufgeschreckte Bevölkerung beschwichtigen und beruhigen.

„Bericht über das schreckliche Unglück, das sich am 6. Dezember ereignete ... Die Gemeinden Chaingy und Huisseau liegen drei bis vier Meilen von Orléans entfernt am Rande der westlichen Weinberge, dort, wo der Wald beginnt. Bei Anbruch des Winters gehen die Einwohner seit jeher in diesen Wald, um Brennholz zu sammeln. Am 6. Dezember 1814 war eine Gruppe von Frauen und Kindern mit solcher Arbeit beschäftigt, als eine riesengroße, ausgehungerte Wölfin sie überfiel. Sie waren vor Schreck wie gelähmt und dem wütenden Tier wehrlos ausgeliefert. So wurden acht dieser Unglücklichen schwer verletzt, zwei weitere ließen ihr Leben und wurden gefressen.

Auf die Schreckensschreie der anderen, die den mörderischen Zähnen des grausamen Tieres entgangen waren, liefen die Einwohner der beiden Gemeinden zusammen und eilten den Verwundeten zu Hilfe; einige von ihnen mußten nach Hause getragen werden. Wer beschreibt das Entsetzen, als einer der Herbeigeeilten sein eigenes Weib unter den Opfern entdeckte ...“

„Der Herr Baron von Talleyrand setzte sofort eine große Treibjagd an und bestand darauf, selbst daran teilzunehmen ... Er ließ sieben Stunden lang den Wald nach allen Richtungen absuchen. Das aufgeschreckte Tier kam aus seinem Versteck hervor und setzte sich nach der Gemeinde Cercottes ab, die eineinviertel Meilen vom Ort der Treibjagd entfernt liegt. Dort wurde es von einem Holzfäller mit einem

Kinderzeichnung von 1958.

Holzschnitt vom Ende des 19. Jh.

Axthieb erledigt, gerade als es sich auf ihn stürzen wollte, um ihn zu verschlingen. Die Nachricht von diesem Unglück verbreitete sich wie ein Lauffeuer in der ganzen Umgebung, versetzte die Menschen in Schrecken und gab Anlaß zu vielerlei Gerüchten, die lächerlich und übetrieben waren. Solche von Furcht und Dummheit in die Welt gesetzte Greuelmärchen zehren von der Gutgläubigkeit der Menschen; sie verstärken nur die allgemeine Angst und haben oft gefährliche Folgen. Obwohl Herr von Talleyrand alle diese Gerüchte für frei erfunden hielt, glaubte er doch, ihnen entgegentreten zu müssen. Er sandte daher einen Offizier in alle Gemeinden, die an diesen Wald angrenzen, um sich von den dortigen Bürgermeistern Bericht erstatten zu lassen. Die von diesem Offizier eingezogenen Erkundigungen bestätigten zweifelsfrei die Vernichtung des Tieres, das solchen Schaden angerichtet hatte."

Wie schon zur Zeit der Bestie von Gévaudan entstehen auch jetzt wieder Bildergeschichten, die von Hausierern auf dem Lande verbreitet werden. Eine der Abbildungen zeigt „die wilde Bestie, die bei Orléans ihr Unwesen treibt". Das daneben abgedruckte „Klagelied, nach einer Arie aus Piramon und Tisbe" ist typisch für das Genre; seine Sprache ist darauf ausgerichtet, das Publikum zu rühren, ja sogar, ihm Angst zu machen.

Kommt her, ihr guten Leute
will euch berichten heute
von einem wilden Tier;
zu Orléans ward's gesichtet
hat Menschen zugerichtet
in schauriger Manier.
Es fließen schon die Tränen
doch muß ich noch erwähnen
den Kummer und das Leid
der unglücksel'gen Armen,
die es ohne Erbarmen
zerfleischt voll Grausamkeit.
Was bin ich hart geschlagen
hört man die Waise klagen,
hab keine Eltern mehr.
Manch Kind ward totgebissen
die Mutter ihm entrissen
des Vaters Haus ist leer.
Wem griffe es nicht kalt
ans Herz, wenn er im Wald
gar Trauriges geschaut:
die Reste seiner Lieben
sind alles, was geblieben
tot ist die holde Braut.
In zügelloser Gier
schleicht das blutrünst'ge Tier
an jenen finst'ren Ort;
zerreißt die armen Leute
zerstückelt seine Beute
und schleppt sie mit sich fort.

Auf Gott will ich vertrauen
daß ich nicht in die Klauen
der grausen Bestie fall!
Mit seinen heil'gen Händen
mög' er Genesung spenden
den armen Opfern all.

Wenn man auch heute davon überzeugt ist, daß die meisten dieser wilden, blutgierigen Bestien von der Tollwut befallen waren, so zeigt sich doch, daß die alten Ängste und Phantasien, die tief in uns schlummern, von Zeit zu Zeit wieder erwachen können.

Im Winter 1977–78 taucht in den Vogesen ein unbekanntes Tier auf, halb Hund, halb Wolf, und reißt mehr als 250 Schafe, einige Kühe und ein Fohlen. Sofort spricht man von der „Bestie der Vogesen". Es wird ein regelrechter Feldzug gegen sie organisiert, und an den Treibjagden beteiligen sich Forstbeamte, Jäger, Bauern, die Feuerwehr und sogar das Militär. Das Land wird durchkämmt wie damals im 18. Jahrhundert, als die Dragoner gegen die „Bestie" auszogen. Die Massenmedien greifen die Sache auf und bringen sie in großer Aufmachung heraus. Das Tier erreicht angeblich auf kurzen Strecken eine Geschwindigkeit von 80 Stundenkilometern; wenn es verfolgt wird, soll es 30 km pro Tag zurücklegen können. Die Einheimischen sind davon überzeugt, daß es sich um einen Wolf handelt. Panische Angst breitet sich aus wie in alten Zeiten, und es häufen sich die abenteuerlichsten Beschreibungen. Über die Herkunft des Tieres gibt es verschiedene Hypothesen: man denkt an einen Wolf, der von einem Schäfer dressiert wurde, um eine alte Rechnung zu begleichen, oder sogar an ein Tier, das durch Ultraschall ferngelenkt wird.

Plötzlich hört der ganze Spuk auf, und damit auch die Gerüchte. Doch nun will man ein Tier in der Charente, ein weiteres in der Marche gesehen haben. Ein Lokalblatt brachte im Mai 1978 folgende Schlagzeilen heraus: „Saint-Sulpice-les-Champs: Rätselhafte Bestie, die in den Vogesen Schafe riß, jetzt auch bei uns?" Der Wolf hat es wieder einmal geschafft, in kürzester Zeit Ängste und Alpträume aus unserem Unterbewußtsein hervorzulocken. Gestern waren es die fahrenden Händler, heute sind es Radio und Fernsehen – werden die Menschen jemals auf solche abenteuerlichen Gruselgeschichten vom Wolf verzichten können, der als einziges Tier immer noch eine geheimnisvolle Macht über den Geist der Menschen hat, obwohl er praktisch von der Bildfläche verschwunden ist ?

Das Ende der Wölfe

Kommen wir nun auf die gewöhnlichen Wölfe zurück, die gegen Ende des 18. Jahrhunderts noch immer in ländlichen Gegenden heimisch sind, die Straßen unsicher machen und den Schäfern die Lämmer unter der Nase wegstehlen. Zur Zeit der Revolution und der napoleonischen Kriege werden Jagd und Bekämpfung der Wölfe vernachlässigt. Die Bauern selbst haben keine Waffen, und so können die Raubtiere sich stark vermehren. „Es gibt zu viele Wölfe in Frankreich, besonders, seit die Armee in manchen Gegenden viele tote Pferde zurückließ, von denen sie sich ernährten, was zu ihrer starken Vermehrung beitrug," schreibt 1801 der Bürgermeister von Villers-la-Montagne (Moselle).

Die Schafzucht ist bis ins 19. Jahrhundert hinein ein wichtiger Erwerbszweig. Doch die Herden sind nirgends vor Überfällen sicher, weder auf den Bergweiden, noch im Flachland, noch in den Schafhürden. Die Verluste sind groß; der wirtschaftliche Schaden läßt sich zwar nicht genau beziffern, aber man kann ihn anhand einzelner Beispiele in etwa abschätzen.

In Südwestfrankreich brechen im Frühjahr 1802 bei Sabres in den ‚Landes' mehrere Rudel von fünf bis sechs Wölfen in Schafhürden und Weiden ein und reißen dort an die 600 Schafe und Lämmer.

In der Normandie sind die vielen Wölfe zu einer echten Gefahr für die dortige Schafzucht geworden. Gérard Desrivières klagt in einem Brief vom 28. Januar 1817: „Seit 27 Jahren hat man nichts mehr gegen die Wölfe unternommen. Sie konnten sich daher stark vermehren und richten in Wäldern und Fluren großen Schaden an. Sie vergreifen sich an Pferden, Fohlen, Kälbern und Schafen, ja sogar Hunde holen sie aus den Gehöften; zu unserer eigenen Sicherheit wie der unserer Schafe müssen wir daher eine Menge kräftiger Wachhunde halten, die viel Futter benötigen... Vor der Revolution gab es auf unseren Weiden eine blühende Pferdezucht, aber heute sieht man hier nur noch jämmerliche Gäule, und auch ihre Zahl hat sich stark vermindert. Das kommt daher, weil wir die Pferde wegen der Wölfe bei Nacht einsperren müssen und sie zu jeder Jahreszeit nur noch an der Krippe füttern können. Sie kosten mehr an Futter, als sie später wieder einbringen, und der Bauer sieht keinen Sinn mehr in der Pferdehaltung." Der miserable Zustand der schlecht ernährten Tiere und die gestiegenen Unkosten führen zu ungewöhnlichen Maßnahmen. „Man läßt die Stuten kaum noch decken. Die meisten Landwirte lassen ihren Stuten die Gebärmutter verstopfen, damit sie nicht zufällig von einem Hengst gedeckt werden können. Wenn eine Stute gefohlt hat, dann überlegt die Familie oft, ob sie das Fohlen aufziehen kann, oder es besser schlachtet."

Im Pariser Becken, auf den Weiden im Westen und im Zentralmassiv, in den Pyrenäen, den Gebirgsregionen Italiens und Spaniens, im deutschen Flachland, überall in Europa werden die Schafherden dezimiert.

Im Jahre 1844 klagt der Bürgermeister einer französischen Gemeinde: „Die Wölfe verwüsten

Wölfe werden in einen Bauernhof gelockt. Lithographie von F. Grenier aus dem „Journal des chasseurs", 1845.

in großer Zahl den Bezirk Éguzon, besonders die Gemeinden Bazaiges, Baraize und Éguzon. In der Nacht vom 20. auf den 21. rotteten sich sieben dieser Tiere zusammen und überfielen die Domaine de la Baricole. Dort drangen sie in einen Schafstall ein und töteten sechs Schafe, fraßen vier davon auf und verletzten noch weitere zehn. Letzte Woche rissen sie in La Ligne, Gemeinde Bazaiges, auf einer kleinen Weide ganz in der Nähe der Häuser eine Stute mitsamt ihrem Fohlen. Es muß eine ganze Meute gewesen sein, denn am nächsten Morgen fand man von der Stute nur noch ein paar Knochen, und von dem Fohlen war gar nichts mehr übrig. Ebenfalls in der letzten Woche fraßen sie in der gleichen Gemeinde einen Ochsen und ein Kuhkalb auf, und in den letzten vierzehn Tagen sind in diesen drei Gemeinden über 30 Hunde zerrissen worden."

Gelegentlich tauchten die Wölfe auch in der Nähe oder in den Straßen der Städte auf, obwohl es hierfür nur spärliche Belege gibt. Bei strenger Kälte schlichen sie sich, vom Hunger getrieben, zu Metzgerläden und Schlachthöfen und machten sich über Schlachtabfälle und Gedärme her. In Roanne versetzen im Jahre 1822 Scharen von Wölfen die Bevölkerung in Angst und Schrecken. Sie kamen bis zu den Toren der Stadt und machten die Ufer der Loire unsicher. Ende des 19. Jahrhunderts treibt der Frost die Wölfe in mehrere Städte der Provinz Berry. 1870 dringen sie in das Städtchen Lignières im Département Cher ein und heulen vor einer Metzgerei. 1879 kommen sie nachts zum Schlachthof von Châteauroux.

Raymond Rollinat erinnert sich: „Im strengen Winter 1879 – 80 schlichen sich die Wölfe nachts zum Schlachthof von Argenton, um dort die Schlachtabfälle zu fressen. In einer Nachbarstadt überraschte man einen Wolf dabei, als er in einer schlecht abgeschlossenen Metzgerei an den Rindervierteln zerrte, die dort hingen."

Angriffe auf Menschen bleiben die Ausnahme und gehen meist auf das Konto tollwütiger Tiere, aber dennoch kommen sie auch weiterhin vor. 1879 wird im Département Lozère ein Waldarbeiter angefallen; in Sillé-le-Guillaume überfallen drei Wölfe einen Mann und eine Frau. Im Januar 1880 kommt ein kleines Mädchen in der Scheune eines Bauernhofes in Morbihan um, ein anderes wird am 26. Januar 1914 in einem Wald bei Périgueux angegriffen. In Frankreich wurde das letzte Opfer am 2. Oktober 1918 in der Haute-Vienne bei La-Chapelle-Mont-Brandieux von Wölfen zerrissen.

Als gefährlicher Räuber wird der Wolf von der gesamten Landbevölkerung erbittert verfolgt. Die Bauern verteidigen ihr Hab und Gut, ihr Vieh und die Sicherheit ihrer Familien. Die Adligen und Großgrundbesitzer sind auch auf die Erhaltung des Wildbestandes bedacht. Damit endlich Ruhe herrscht, muß der Wolf bis zum Letzten ausgerottet werden.

In Gegenden mit traditioneller Viehzucht wie in Berry, in der Champagne, der Sarthe und Cantal setzen sich die „Conseils généraux" dafür ein, die Tiere, die der Gesellschaft solchen Schaden zugefügt haben, ein für allemal zu vernichten. Im Jahre 1863 schreibt Baron Dunoyer de Noirmont: „Die Jagd auf den Wolf liegt mehr als jede andere Jagd im öffentlichen Interesse."

Gegen Ende des 19. Jahrhunderts werden die ländlichen Gebiete durch den Ausbau des Verkehrsnetzes besser erschlossen, die Nutzung der Anbauflächen wird intensiviert. Im Zuge des Ausbaus neuer Nebenstraßen, Feldwirtschafts-

Gezähmter Wolf in einer Berliner Schule, um 1935

wege und Eisenbahnlinien werden Wälder abgeholzt, und die Wölfe verschwinden. Tunnels müssen gesprengt werden, und der Lärm der Bauarbeiten schlägt die Tiere in die Flucht. Bedrängt durch den unaufhaltsamen Vormarsch der Menschen ziehen sie sich in unzugängliche Waldgebiete zurück. Durch die Urbarmachung von Brachland wird ihr Lebensraum weiter beschnitten, und durch die stärkere forstwirtschaftliche Nutzung der Wälder verschwinden Dickicht und Unterholz, das ihnen als Schlupfwinkel diente.

Am 3. August 1882 wird ein Gesetz verabschiedet, das den Wölfen in den Wäldern den Krieg erklärt. Das Ziel ist die Ausrottung der gesamten Art. Man sieht nur die Gefahren, die von ihm ausgehen, und verkennt seine ökologische Bedeutung für die Waldgebiete. In dieser Maßnahme der Regierung spiegelt sich die große Angst vor dem Wolf und seine Verteufelung

Rückkehr von der Wolfsjagd in Polen, um 1970.

in der Volkstradition. Der Staat betrieb die Vernichtung des Tieres mit allen Mitteln und erhöhte die Kopfprämien, um den Jägern einen Anreiz zum Abschuß zu bieten.

Der damalige Landwirtschaftsminister, de Mahy, erklärt in einem Rundschreiben an die Präfekten vom 19. Dezember 1882: „Die bisher gewährten Abschußprämien bieten den Jägern keinerlei Anreiz, sich den Gefahren einer Wolfsjagd auszusetzen, so daß diese zu einer Art Privileg von Großgrundbesitzern wurde, die über ein Jagdgefolge verfügen. Auch die Schaffung einer besonderen Behörde (la Louveterie) konnte die Mißstände nicht beseitigen und hat im großen Ganzen nicht den Erfolg erzielt, den man sich von ihr erhoffte. Die Anhebung der Abschußprämien wird sicherlich der Jagd neue Impulse geben... wir müssen alles daransetzen, um so schnell wie möglich diese gefährliche Tierart zu vernichten."

Nach und nach verschwinden die Wölfe vom linken Ufer der Rhône, aus der Gegend von Toulouse, Bordeaux, der Normandie, dem Pariser Becken und der Bretagne. Die Art ist am Aussterben, und im Laufe von vierzig Jahren werden in Frankreich mehr als 10 000 Tiere vernichtet. Während des Ersten Weltkriegs tauchen sie kurzfristig in manchen Gegenden wieder auf, aber es ist nur wie ein letztes Aufbäumen vor dem endgültigen Untergang.

Bis zum Zweiten Weltkrieg sind auch die letzten vereinzelten Exemplare vernichtet, die sich in der Dordogne, der Ardèche und Lothringen noch halten konnten. Seit dieser Zeit kann man den Wolf in Westeuropa als ausgestorben betrachten. Trotzdem werden hier und da noch Einzelgänger gesehen. Fischesser berichtet von einem Wolf, der 1948 im Wald von Chatillon-sur-Seine (Côte d'Or) beobachtet wurde. Am 15. Januar 1954 wird bei einer Treibjagd in Crémieu (Isère), an der sich 2 000 Jäger beteiligen, ein männliches Tier erlegt. Ein alter Wolf wird 1961 in Gondrieu (Lozère) geschossen. 1968 bringt man zwei Exemplare, die angeblich aus einem Gehege stammen, in den ‚Landes' zur Strecke. Fischesser erwähnt auch zwei Wölfe, die 1971 und im Februar 1972 in Ostfrankreich gesehen wurden. Noch 1977 soll ein Wolf im Département Lozère geschossen worden sein. War er der letzte?

Aber diese einsamen Überlebenden einer verschwundenen Art waren wohl aus einem Zoo entlaufen und stammten nicht ab von den Anführern jener Rudel, die früher Wälder und Fluren unsicher gemacht hatten.

In Europa lebt der Wolf schon seit fünfzig Jahren nur noch in der Erinnerung der Menschen.

Tollwütige Wölfe

„Am Donnerstag, dem 16. Juni 1783, erschien gegen drei Uhr nachmittags ein tollwütiger Wolf auf dem Bann von Créancey (Haute-Marne). Es handelte sich um einen männlichen Wolf von ungewöhnlicher Körpergröße. Wenn er sich aufrichtete, erreichte er eine Höhe von sechs Fuß. Sein Lauf war so schnell, daß er zu fliegen schien, und er konnte 7–8 Fuß hoch und 12–15 Fuß weit springen. Sein Atem ging schwer und keuchend. Er hatte die Eigenart, laut zu keuchen, wenn er jemanden packte. Er sprang um sein Opfer herum, ließ von ihm ab und setzte voller Wut erneut zum Angriff an. Dieses Tier tauchte zunächst in den Weinbergen von Vaulargeot in der Nähe von Latrecey auf. Sein erstes Opfer war der Winzer Pierre Bouteille, ein junger Mann von 29 Jahren, verheiratet und von kräftiger Statur. Der Wolf biß ihn zuerst ins Bein, dann packte er ihn bei der Brust und sprang ihm ins Gesicht. Der junge Mann versuchte ihn mit dem Arm abzuwehren, aber das Tier biß ihn bis auf die Knochen durch...

Zwei- oder dreihundert Schritte weiter, in der Nähe des Dorfes, wurde Nicole Poissenot von dem wütenden Tier angegriffen, als sie allein mit ihrem Mann im Weinberg arbeitete. Sie war 32 Jahre alt und im achten Monat schwanger. Der Wolf sprang sie von der Seite an und warf sie zu Boden, lief mehrmals weg und setzte

Anzeige aus „Der Komet", 1886.

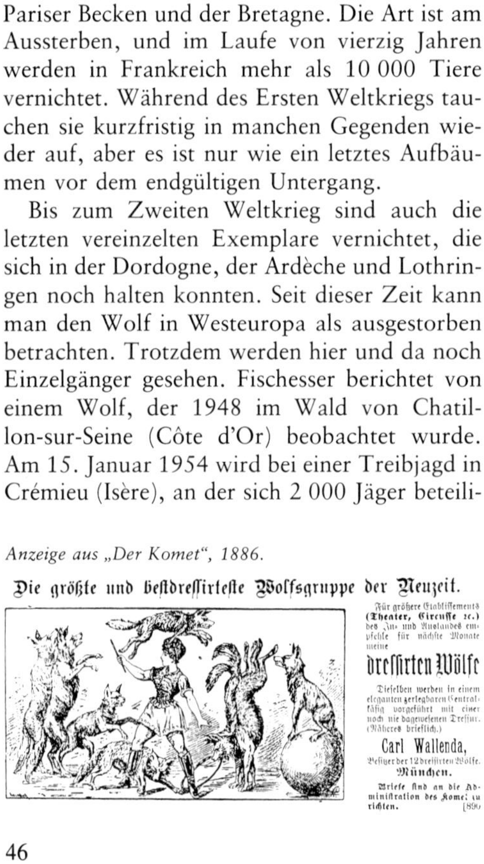

erneut zum Angriff an, während sie versuchte, sich aufzurichten. Er zerriß ihr das ganze Gesicht und verletzte sie auch am Kopf...

Während sich diese grausige Szene abspielte, von der man in Vaulargeot erst später erfuhr, lief Nicolas Bouteille zum Kirchturm und läutete die Sturmglocke. Alle arbeitsfähigen Dorfbewohner waren auf den Feldern oder in den Weinbergen beschäftigt. Wer die Glocke hörte, ließ sofort seine Arbeit liegen, und die Menschen strömten ins Dorf. Kaum hatte man den Anlaß erfahren, so bewaffneten sich die Männer mit Gewehren, Hacken, Mistgabeln, Eisenstangen und anderen Dingen und zogen gegen das Tier los.

Nachdem es, wie schon erwähnt, seine Wut an der armen Frau ausgelassen hatte, kam das Tier in die Nähe von Créancey. Unterwegs wurde der 28jährige Landwirt Jean Huot gebissen, als er ins Dorf eilte, um sich zu bewaffnen. Das Tier riß ihn um, verletzte ihn aber nur leicht, und anscheinend wurde er nicht von der Krankheit angesteckt, denn die Sache hatte keine schlimmen Folgen. Ein Stück vor Jean Huot ging Nicolas Doussot. Der Wolf setzte ihm nach, aber Doussot lief schnell weg und ließ vor Angst seinen Hut fallen. Der Wolf wurde dadurch abgelenkt. Während er den Hut zerfetzte, konnte der Mann sich retten.

Das Tier war nur noch zwei- bis dreihundert Meter vom Dorf entfernt und schickte sich eben an, in die Ortschaft einzudringen. Dort hätte es großes Unheil angerichtet, denn die Frauen und Kinder waren in ihrer Aufregung alle auf die Straße hinausgelaufen. Aber es änderte plötzlich seine Richtung...

Es befand sich also am Rande des Dorfes, in Richtung auf Chateauvillain. Da sah es in einem großen Weinberg auf der anderen Seite drei verängstigte Frauen, eine alte und zwei junge, die schnell den Hügel hochkletterten, um sich im Gebüsch vor dem Tier zu verstecken. Es überfiel zuerst die alte Frau und zerriß ihr die Wange und die rechte Seite des Halses, aber die junge Witwe kam ihr zu Hilfe und versuchte sie vor dem Angriff zu schützen. Die tapfere junge Frau bemühte sich mit aller Kraft, das Tier an Ohren, Schwanz und Pfoten wegzuzerren. Sie versuchte sogar, ihm ihren Pantoffel ins Maul zu schieben. Auf diese Weise lenkte sie den Angriff von ihrer Mutter ab und wurde nun selbst angefallen. Es war ein langer Kampf, in dessen Verlauf sie mehrmals umgerissen wurde und wieder aufstand. Als schließlich das Tier von ihr abließ, hatte sie eine Verletzung am rechten Auge und am Kopf sowie neun Bißwunden an den Armen. Nun setzte das Tier ihrer Schwester nach, die sich jedoch in Sicherheit gebracht hatte. Da der Wolf sie nicht finden konnte, stürzte er sich wieder auf die Mutter, biß sie an den gleichen Stellen wie vorher und brachte ihr noch zwei weitere Verletzungen bei, und zwar am rechten Auge und hinter dem linken Ohr. Die junge Witwe kam ihr wieder zu Hilfe und wurde in die rechte Schulter gebissen, aber sie setzte sich so erbittert zur Wehr, daß das Tier schließlich aufgab und weglief.

Es kletterte den Hügel hinauf und sah dort einen Hirten, der die Schafe, Lämmer und Schweine hütete, brach in die Herde ein und schnappte blindwütig um sich. 35 Schafe und Lämmer sowie 6 Schweine wurden gebissen. Die Einwohner von Latrecey verfolgten den Wolf, der an ihrem Dorf vorbeigekommen war. Auf diesem Hügel trafen sie mit den Leuten von Créancey zusammen und erblickten endlich das Tier, das sie schon lange gesucht hatten. Antoine Fèvre, ... der sich im Dorf bewaffnet hatte und sich näher bei der Herde befand als die anderen, verfolgte das Tier zwischen den Schafen und versetzte ihm einige Schläge mit der Mistgabel, um es den Schützen vor die Flinte zu treiben. Sobald es ohne Deckung war, gab Martin Royer... einen Schuß ab, der auch traf. Das Tier machte einen Satz, lief aber weiter. Es versteckte sich in einem Gebüsch in der Nähe und legte sich nieder. Dort brachte es Arbelin, der Schulmeister von Latrecey, mit einer zweiten Kugel zur Strecke.

... Nicole Poissenot, die so gräßlich zugerichtet worden war, hatte am darauffolgenden Tage eine Totgeburt; Brust und Beine des Kindes waren zerrissen, die Mutter lebte noch acht Tage. Am dritten Tag wurde der Gestank, der von ihr ausging, so unerträglich, daß kaum jemand sich zu ihr wagte, und sogar die Passanten, die am Haus vorübergingen, mußten sich Mund und Nase zuhalten...

Von den vier anderen, die gebissen wurden, starben drei an der Tollwut. Das erste Opfer, eine Frau, hatte zwei Anfälle. Der erste begann um den 13. Juli, einen Monat nach dem Unfall. Sie zeigte einen lebhaften Widerwillen gegen Wasser und alle Getränke, die man ihr anbot.

Sie bekam Wutanfälle, grimassierte und verfiel in schreckliche Zuckungen, die kaum zu beschreiben waren. Im weiteren Verlauf entwickelte sie eine Abscheu vor jeglicher Nahrung und anderen Gegenständen. Sobald man ihr etwas anbot, warf sie sich vor dem Bett auf den Boden, als ob sie versuchte, zu fliehen. Sie litt unter Übelkeit, Fieberanfällen und ständigem Speichelfluß und fing an, Gespenster zu sehen, vor allem klagte sie über einen Wolf, der sie in einen Graben zerren wollte... Am 14. Juli, fast zur gleichen Stunde wie am Vortag, bekam sie den zweiten Anfall, zunächst mit den gleichen Symptomen wie zuvor, nur heftiger. Dann setzte ein starker Speichelfluß ein, der bis zum Ende anhielt und oft so stark war, daß sie nicht mehr sprechen konnte...

Die zweite Frau, die an der Tollwut starb, jagte allen, die sie pflegten, ihrem Vater, ihrer Schwester und zwei Frauen aus dem Dorf, große Angst ein. Sie sprang plötzlich aus dem Bett, warf ihre Bettdecke zu Boden, versuchte, es umzustürzen, als ob sie etwas suchte. Als ihr Vater sie wieder ins Bett legen wollte, versetzte sie ihm zwei Faustschläge, um ihn daran zu hindern. Als er nicht nachgab, versuchte sie ihn erneut zu schlagen; dann wandte sie sich mit drohendem Blick den vier Anwesenden zu und geriet ganz außer sich. Die beiden Frauen flüchteten in den Hof, aber die Kranke lief ihnen nach und verriegelte die Tür ihres Zimmers. Unterdessen hatten sich Vater und Schwester in einem Nebenzimmer versteckt, wo sie jedoch nicht sicher waren, denn die Tür ließ sich nicht absperren. Als die Kranke sah, daß sie allein war, stellte sie sich ans Fußende ihres Bettes, das sie umgeworfen hatte, und schlug aus Leibeskräften mit beiden Fäusten auf den vermeintlichen Wolf ein. Dabei rief sie: „Du widerwärtiges Tier willst wohl meine Mutter auffressen! Ah, man soll mir eine Axt bringen."...

Das dritte Tollwutopfer hatte nur einen Anfall, der am 22. Juli begann. Dieser junge Mann ging gegen Mittag aus, um seine kranke Mutter zu besuchen. Es hatte geregnet, als er zu ihrer Tür kam. Er sah ein kleines Bächlein, das in der Mitte der Straße floß. Darüber erschrak er sehr, ein Zittern überkam ihn, und er ging wieder nach Hause zurück. Um zur Besinnung zu kommen, versuchte er etwas zu trinken, doch er konnte es nicht über sich bringen, und seine Angst wurde immer größer. Seine Frau besprengte gerade den Boden mit Wasser, um das Zimmer auszufegen. Als er den dünnen Wasserstrahl sah, wand er sich vor Abscheu und mußte sich ins Bett legen. Er konnte sich nicht beherrschen, alles war ihm zuwider, Töpfe und Pfannen, zinnernes und irdenes Geschirr mußten entfernt werden, weil er ihren Anblick nicht ertrug. Eine Person, die das Haus betrat, der Schein des Feuers, der Anblick des silbernen Salbgefäßes, der Schatten der Hand des Priesters, der ihn versah – mit einem Wort, alles und jedes rief bei ihm ein schreckliches Gefühl der Angst und Unruhe hervor. Am 23. um zwei Uhr nachts spürte er, daß er einen Tobsuchtsanfall bekommen würde. Er bat und flehte, man solle ihn festbinden. Diese Ankündigung versetzte die Anwesenden in große Furcht. Anstatt ihn anzubinden, liefen sie davon, und nur seine Frau blieb bei ihm. Der Anfall, den er vorausgesehen hatte, kam, und er tat alles, um seine Frau zu verjagen, die ihn jedoch nicht allein lassen wollte. Schließlich riß er die Stange herunter, an der die Bettvorhänge befestigt waren, und warf sie nach seiner Frau, so daß sie aus dem Raum lief. Er sperrte sich daraufhin in seinem Zimmer ein und zertrümmerte die gesamte Einrichtung. Dann ging er zum Fenster und schlug mit der bloßen Faust die Scheiben ein, so daß er blutüberströmt war. Er riß Fenster und Rahmen heraus, schlug sie kurz und klein und warf alles hinaus, was schon vorher zu Bruch gegangen war, auch die Bänke, die um den Tisch standen... Als der Tobsuchtsanfall nachließ, ging man zu ihm hinauf, band ihn an Armen und Beinen fest und legte ihn auf den Strohsack, so daß er weder sich noch andere gefährden konnte. Als man ihn festband, sagte er: „Kinder, paßt auf, daß ich euch nicht zerkratze", und aus Angst davor ballte er die Fäuste, so sehr er konnte. Bis zum Mittag ging es ihm sehr schlecht. Schließlich war er völlig ermattet, hatte starken Speichelfluß und verstarb gegen halb ein Uhr mittags. Sein Gesicht war nicht entstellt...

Vielleicht ist es nicht unwichtig, zu erwähnen, daß die drei Tollwutopfer zwei oder drei Tage vor dem Anfall einen starken Drang verspürten, den Ort aufzusuchen, an dem sie gebissen worden waren, und man Mühe hatte, sie daran zu hindern...

Hiermit bezeuge ich, der Unterzeichnete, Priester und Pfarrer von Créancey, daß dieser Bericht voll und ganz der Wahrheit entspricht und so genau wie möglich die Ereignisse wiedergibt. Geschrieben am 1. Januar 1786."

Dieser außergewöhnliche Bericht schildert bis auf die kleinste Einzelheit die dramatischen Vorfälle, die sich abspielten, als ein tollwütiger Wolf in einer ländlichen Gemeinde auftauchte. Er zeigt, wie schwierig es war, einem wildgewordenen Tier beizukommen, das sich nicht mehr vor dem Menschen fürchtete, und belegt die Hilflosigkeit der Bevölkerung angesichts einer unheilbaren Krankheit, die innerhalb weniger Wochen einen kräftigen Menschen in den Wahnsinn und den sicheren Tod trieb.

Sicherlich war Abbé Trouble nicht selbst Augenzeuge bei all diesen Vorfällen, sondern er macht sich zum Sprachrohr der Bauern, die ihm manche Einzelheit erzählt haben mögen. Sein Bericht ist daher mit einem gewissen Vorbehalt zu lesen. Die Sprache ist etwas dramatisierend, aber im großen Ganzen werden die Übertragung der Tollwut und die Krankheitssymptome angemessen beschrieben.

Wölfe, Füchse und streunende Hunde sind die wichtigsten Überträger der Tollwut, aber auch andere Warmblütler kommen in Frage, da der Virus durch den Speichel übertragen wird. „Wenn ein hungriger Wolf einem wasserscheuen Hund begegnet, der seinem Herrn ausgerissen ist und herumstreunt, von der Krankheit getrieben, wie man auf dem Lande zu sagen pflegt, so gibt es einen Kampf, in dem der Hund unterliegt. Das Opfer wird zwar die Beute des Wolfs, aber noch im Todeskampf steckt es seinen Gegner mit der furchtbaren Krankheit an. Nach einer gewissen Inkubationszeit wird der Angreifer selbst tollwütig. Mit seiner großen Körperkraft stürzt er sich auf Tiere und Menschen, und sein kräftiges Gebiß verursacht schreckliche Wunden, die äußerst gefährlich sind, weil die Opfer ebenfalls an der Tollwut erkranken können." Das einzig wirksame Mittel, die Krankheit einzudämmen, besteht darin, auf herumstreunende, tollwutverdächtige Hunde zu achten. Als Vorbeugungsmaßnahme wurden sie im 19. Jahrhundert planmäßig abgeschossen.

Die Behandlung der Tollwut beim Menschen war früher nur auf die Symptome ausgerichtet. Erst seit dem Jahre 1885, als Pasteur die erste Schutzimpfung bei einem kleinen Jungen durchführte, der von einem tollwütigen Hund gebissen worden war, konnte die Krankheit gezielt bekämpft werden. Vor dieser Entdeckung nahm man Zuflucht zu allerlei Riten und geheimen Gebetsformeln, oder es kamen Heilkräuter zur Anwendung. Das folgende Rezept wurde zu Beginn des 19. Jahrhunderts in Berry aufgezeichnet: „Manche Leute sagen, daß die Vogelmiere ein wirksames Mittel gegen die Tollwut sei. In den Monaten Prairial und Messidor (Mitte Mai bis Mitte Juni) werden Stengel und Blüten des Krauts gesammelt. Man läßt sie im Schatten trocknen, dann werden sie fein gerebelt und in einer fest verschlossenen Flasche aufbewahrt. Zur Behandlung an Tieren gibt man es entweder mit Brot ein, oder man nimmt 36 Gran des Pulvers auf zwei Unzen (ca. 60 Gramm) Wasser und fügt zwei Lot Kochsalz und ein Lot Alaun hinzu. Für Menschen beträgt die Dosis eine Drachme (4 – 5 Gramm) auf ein Glas Wasser; diese Menge soll alle sechs Stunden eingenommen werden. Erst zwei Stunden nach Einnahme dieses Mittels darf der Patient etwas essen oder trinken. Diese Arznei ist zwei bis drei Tage lang anzuwenden; auch die Wunden sollen mit frischem Wasser, dem man etwas Pulver beigemischt hat, ausgewaschen werden." Im Volksglauben gilt auch St. Hubertus als Helfer gegen die Tollwut. In der Gegend von Aigurande trug man das Bild des hl. Hubertus über die Dörfer. Man glaubte, seine Heilkraft gehe auf Ringe und Rosenkränze über, wenn man das Bild damit berührte. In anderen Gegenden erhoffte man sich von Gebeten zum hl. Hubertus oder hl. Rochus die gleiche Wirkung.

Wenn all diese Mittel versagten und die gebissene Person nicht geheilt wurde, erstickte man den Kranken mit einer Matratze. So erging es auch Jean-Claude Diot, dem Sohn eines Tagelöhners aus der Haute-Saône, der am 1. September 1883 von einem Wolf gebissen worden war. Es stellte sich heraus, daß das Tier tollwütig war, und so wurde der arme Junge am 7. Oktober von seinen Angehörigen erstickt.

Die damalige Medizin kannte zwar einige Drogen (vor allem das ‚Hoang-nan'), mit denen man die Anfälle lindern konnte, aber die am häufigsten angewandte und tatsächlich wirksame Methode war das Ausbrennen der Wunden mit einem glühenden Eisen.

Nach der Ansteckung dauert es im allgemeinen etwa vier Wochen, bis die Infektion das Gehirn erreicht. Oft achtete man nicht besonders auf Bisse von Tieren, die anscheinend gesund waren. Wenn sich die ersten Symptome zeigen, kommt jede Behandlung zu spät. Auch heute noch kann einem Kranken in diesem Stadium weder durch Serum noch durch Impfung geholfen werden. Der Kranke verfällt in einer Art Wahnsinn, der sich in Aggressivität oder Apathie äußern kann, und nach wenigen Tagen tritt der Tod ein. Bei Tieren, also auch beim Wolf, verläuft die Krankheit ebenso. Wenn die Infektion das Gehirn erreicht hat, verliert das Tier jegliche Scheu. Es kommt in die Dörfer und sucht die Gesellschaft des Menschen oder anderer Tiere.

Die Tollwut setzt ungeahnte Kräfte in ihm frei, und es verfällt in blindwütige Raserei. 1810 kam ein tollwütiger Wolf in ein kleines Dorf an der Mosel. Die Winzer waren damit beschäftigt, die Trauben zu keltern. Der Wolf lief durch die Straßen, drang in die Weinkeller ein und biß 40 Personen, die alle starben.

Bißwunden, die von einem tollwütigen Wolf stammen, sind gefährlicher als die von anderen Tieren. Die Wunden waren groß und tief und befanden sich meist am Hals oder im Gesicht, wo ein Ausbrennen nicht möglich war. Die Infektion erreichte sehr schnell das Gehirn und der Verletzte starb nach kurzer Zeit.

Dr. Marquart, ein Arzt, der 1878 eine Bäuerin behandelte, die von einem tollwütigen Wolf gebissen worden war, berichtet: „Marie Aufour, die 27jährige Ehefrau des Jean Gay, wurde am 17. Juli um 3 Uhr nachmittags von einem Wolf gebissen und am 18. Juli abends ins Krankenhaus von Argenton eingeliefert. Sie hatte mehrere Fleischwunden im Gesicht, das Nasenbein war gebrochen, am linken Nasenflügel war eine tiefe Wunde, die bis zur Nebenhöhle reichte; die Oberlippe war völlig abgebissen, die Unterlippe eingerissen, Substanzverlust am linken Wangenknochen. Mehrere Platz- und Bißwunden an den Schultern und an anderen Köperteilen. Ziemlich rasche Vernarbung und keine Symptome von Tollwut bis Sonntag, den 4. August. An diesem Tag zeigte die Patientin eine gedrückte Stimmung und war lichtscheu. Am Tage danach verweigerte sie jede Nahrung. Am Mittwochmorgen äußerte sie den Wunsch nach Kaffee und trank ihn bis zum Freitag mit Genuß, dann verstärkten sich die Symptome: Abscheu vor Flüssigkeiten, Launenhaftigkeit, ein Tobsuchtsanfall am Freitagabend; am Samstagvormittag war sie etwas ruhiger, aber

Verfolgter Wolf in einem Dorf. Holzschnitt von Pouget nach einer Skizze von Ravoire, 1860.

die Besserung war nur vorübergehend. In den Abendstunden wurde sie bösartig und bedrohte ihre Mitpatienten; man verlegte sie in ein Einzelzimmer, wo sie eine schlaflose Nacht verbrachte. Sie konnte weder feste noch flüssige Nahrung zu sich nehmen. Am Sonntagvormittag bekam sie wieder einen schweren Tobsuchtsanfall; sie schrie, konnte sich kaum auf den Beinen halten, und ihre Augen waren blutunterlaufen. Die Narben brachen wieder auf, und gelblicher, mit Blut vermischter Speichel rann ihr aus dem Mund. Sie verschied am Sonntag, dem 11. August 1878 um neun Uhr früh. Ein Ausbrennen der Wunden wäre angezeigt gewesen, aber Lage und Ausmaß der Verletzungen, vor allem im Gesichtsbereich, ließen eine solche Behandlung nicht zu."

Vor der Entdeckung Pasteurs war St. Hubertus von Lüttich der populärste Schutzpatron gegen die Tollwut, aber auch andere Heilige (Acarius, Bienzy, Dominius, Gildas, Marcou, Petrus, Tugen und St. Quitterie) wurden angerufen. Man bezeichnete die Tollwut auch als ‚Sankt-Hubertus-Krankheit'. Die Kranken pilgerten in die Ardennen, und dort ritzte man ihre Stirn, und in die Wunde wurde ein Faden der Stola des Heiligen gelegt, mit der ein Engel bei seiner Bischofsweihe vom Himmel herabgestiegen war. Dann mußten die Kranken neun Tage lang eine schwarze Binde über dieser Wunde tragen. Außerdem wurde auch ein heißes Eisen auf ihren Körper gelegt, der sog. ‚Schlüssel des hl. Hubertus'.

Anläßlich einer solchen Pilgerfahrt gründete man in Manin (Pas-de-Calais) eine Bruderschaft, die heute noch existiert. Im April 1738 wurden dort ein Bürger von einem tollwütigen Wolf getötet und neun weitere verletzt. Diese machten sich nach altem Brauch auf eine Pilgerfahrt nach Andages in den Ardennen, wo die Abtei des hl. Hubertus liegt. Acht der Pilger wurden geheilt, der neunte aber starb, weil er sich nicht an die Vorschriften gehalten hatte, die unter anderem verboten, sie während der folgenden vierzig Tage die Haare zu kämmen oder zu schneiden. Aus Dankbarkeit gründeten die acht wunderbar Geretteten eine Bruderschaft. Sie besteht jeweils aus acht Mitgliedern, die auf acht Jahre unter den verheirateten Männern der Pfarrgemeinde ausgewählt werden. Alljährlich am Hubertustag (3. November) scheidet das dienstälteste Mitglied aus, und es findet eine Nachwahl statt. Wenn jemand sich ohne triftigen Grund weigerte, der Bruderschaft beizutreten, wurde früher bei seinem Ableben die Armsünderglocke geläutet, was einem Kirchenbann gleichkam. Außerdem durften weder er selbst noch seine Angehörigen von der Bruderschaft zu Grabe getragen werden. Heute ist dieser Brauch in Vergessenheit geraten.

Wie die Barmherzigen Brüder von Béthune geben auch die Mitglieder der Bruderschaft von Manin den Verstorbenen das letzte Geleit, begleiten das hl. Sakrament bei Prozessionen und erfüllen bestimmte Aufgaben während des Hochamts. Daneben führt die Bruderschaft am Hubertustag eine ‚Kornkollekte' (quête du blé) durch, deren Erlös zur Instandhaltung der Kirche dient.

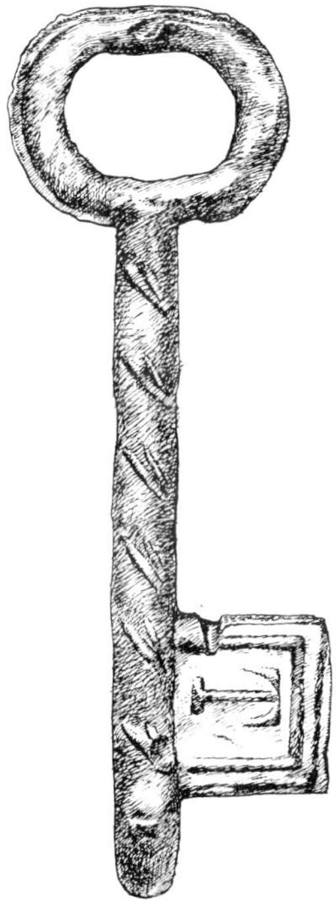

Schlüssel des heiligen Hubertus.

Die Wolfsjagd

Wolf und Schäfer

Bis zum ausgehenden 19. Jahrhundert war die Schafzucht in Westeuropa eine der Haupterwerbsquellen der Landbevölkerung. Die Tiere wurden nicht wegen des Fleisches gezüchtet, wie es heute meist der Fall ist, sondern vor allem wegen der Wolle. Daneben lieferte die Milch der Schafe einen Beitrag zur Selbstversorgung der Bauern und diente auch zur Herstellung von Käse. Von Holland bis Italien, von Österreich bis Spanien besaß jeder Bauer wenigstens ein paar Schafe. Sie weideten auf den magersten Ländereien der Gemeinde, auf Brachland und Heideflächen, die oft abseits oder in Waldnähe lagen. Die fügsamen Tiere wurden meist von Frauen oder Kindern gehütet. All das erklärt, warum gerade Schafe und Schäfer zu allen Zeiten am meisten unter dem Wolf zu leiden hatten. Die Schafhirten mußten ständig auf der Hut sein, denn der Wolf kannte, entgegen anderslautenden Legenden, tausend Kniffe und Schliche, wie er Schäfer und Hunde trotz ihrer Wachsamkeit übertölpeln konnte. Die Kultur der Hirten entwickelte ein außerordentlich reichhaltiges System von Abwehrmaßnahmen, von magischen Beschwörungsformeln über alle möglichen Vorrichtungen und Wolfsfallen bis zur Flinte.

In der ersten bekannten Abhandlung über die Schafzucht, die 1379 erschien, schätzt der Verfasser, Jean Brie, die Wölfe nicht als besonders gefährlich ein. Im Gegenteil, er schreibt sogar in einer eher scherzhaften Anmerkung: „Im Monat Januar sind die trächtigen Mutterschafe sehr schwerfällig und plump, wegen der Lämmer, die sie im Bauch haben... Aber die göttliche Vorsehung hat es weise eingerichtet: im gleichen Monat sind die Wölfe hinter den Wölfinnen her, um sich mit ihnen zu paaren. Sie sind dadurch so beansprucht, daß sie keine Schäden unter den Schafen anrichten. Wenn sie nicht durch ihre Brunst daran gehindert wären, die sie dazu treibt, den Wölfinnen nachzulaufen, so würden sie den Mutterschafen die Lämmer aus dem Leib reißen..."

Wenn der Wolf auftauchte, so bedeutete das keineswegs immer, daß die Herde in Angst und Panik verfiel. Auch der Schäfer ließ sich nicht so leicht in die Flucht schlagen. Meist mußte der Räuber mit eingezogenem Schwanz und hungrigem Magen wieder abziehen. Da der Wolf als furchtsames Tier galt, konnte man ihn durch einfache Lärminstrumente fernhalten, und der berühmte Ruf: ‚Der Wolf kommt', hatte wohl eher den Zweck, ihn zu vertreiben, als wirklich Hilfe herbeizurufen.

In seiner ‚Abhandlung über die Wolle erzeugenden Tiere' (Traité des bêtes à laine), die 1770 erschien, schreibt Abbé Carlier im Kapitel über den Wolf: „Der schlimmste Feind der Schafe im gemäßigten Klima ist der Wolf.

Abgesehen von seiner Kraft und Wildheit fürchtet man das Tier noch mehr wegen seiner Schlauheit und List. Wenn er auf Beute aus ist, so legt er sich in einen Hinterhalt, um sie bei Tage oder des Nachts zu überfallen. Er ist klug und geschickt, aber vor allem sehr mißtrauisch. Er benimmt sich so, als wüßte er, daß alle ihm nach dem Leben trachten. Mehr als durch offenen Kampf gibt sein mißtrauisches Wesen den Schäfern die Möglichkeit, ihn einzuschüchtern und fernzuhalten.

Der Wolf greift zu jeglicher List, wenn er vorhat, eine Herde im Gatter zu überfallen oder eine Beute zu machen. Sie schließen sich zu zweien, dreien oder vieren zusammen, und nur einer greift offen an, während die übrigen im Verborgenen lauern. Sie haben schon vorher unter dem Wind ihre Posten bezogen, während der Angreifer von der anderen Seite her kommt und alles daransetzt, um die Herde in Durcheinander und Panik zu versetzen. Die verschreckten Tiere brechen durch die Umzäunung und stieben nach allen Seiten auseinander. Die Wölfe, die in ihrem Versteck auf diesen Augenblick der völligen Verwirrung gewartet haben, stürzen sich nun auf die versprengten Tiere und richten ein gräßliches Blutbad an. Sie geben sich nicht damit zufrieden, nur soviel zu reißen, als sie selbst verzehren können, sondern zerfleischen alle Tiere, die sie zu fassen bekommen, in der Hoffnung, sie nach und nach holen zu können.

Der erste Angreifer geht auch nicht leer aus. Nach einigen Finten, die Schäfer und Hunde auf Trab bringen und ihre Aufmerksamkeit ablenken sollen, schlägt er einen Bogen und sichert sich seinen Anteil an der Beute.

Ein einzelner Wolf ohne Gefährten benimmt

Angriff der Wölfe auf einen Schafspferch. Aus J. Clamorgan, Wolfsjagd, 1640.

sich vorsichtiger und zurückhaltender, als wenn er in Gemeinschaft mit anderen jagt. Er muß mehrere Rollen gleichzeitig spielen und verhält sich wie ein Feind, der angreift, kämpft und seine Beute wegschleppt. Zunächst schleicht er sich unter dem Wind an. Mit Luchsaugen späht er die Anordnung der Gatter aus. Er prüft, ob der Boden weich oder hart ist. Sobald er einen Durchschlupf am Boden oder einen Spalt zwischen zwei Gattern gefunden hat, beginnt er zu scharren und zwängt sich mit der Schnauze durch den Zaun. Schon hat er sich leise und geschickt in die Hürden eingeschlichen, noch ehe die Schafe irgendetwas gesehen oder gehört haben.

Dort benimmt er sich wie der sprichwörtliche Wolf im Schafstall. Er würgt und mordet, und die Herde bricht in kopfloser Panik durch die Gatter und flieht.

Dieser Feind zeigt seine Grausamkeit nicht nur im Kampf, sondern auch, wenn er zum Rückzug gezwungen wird. Er richtet ein Blutbad an, bis der Schäfer mit seinen Hunden auftaucht. In dem Augenblick, wo er selbst in größter Gefahr schwebt, sein Leben zu lassen, packt er eines der getöteten Schafe beim Hals, lädt es sich auf den Rücken und macht sich mitsamt seiner Beute davon.

Wenn die Wölfe auch meist in dunklen Nächten oder beim Donner eines Gewitters ihrem Handwerk nachgehen, werden sie doch auch manchmal vom Hunger aus dem Wald getrieben, wie man zu sagen pflegt.

Nicht selten sieht man am hellichten Tage in Waldnähe Wölfe, die sich unweit der Herden herumtreiben. In Zeiten, wo sie sich so offen zeigen, hat man nichts von ihnen zu befürchten. Ein Wolf, der bei Tag einen Anschlag plant, legt sich in einen Hinterhalt und wird erst bemerkt, wenn es für eine Verfolgung zu spät ist.

Ihr braucht keine Angst zu haben, daß der Wolf eure Herde in flachem Gelände oder auf weiten, offenen Ebenen angreift. Dort wird er nichts unternehmen. Was er braucht, sind enge Täler und Schluchten, Gräben, Hecken und Gebüsch. Fehlt es an solcher Deckung, so drückt er sich in tiefe Furchen oder bezieht einen verlassenen Fuchsbau; dort wartet er, bis die Herde vorbeizieht, oder hofft, daß einzelne weidende Tiere in seine Reichweite kommen.

Seine Schlauheit und Geschicklichkeit übersteigen jegliche Vorstellungskraft. Am Tage verhält er sich anders als bei Nacht. Er hütet sich, eine Herde von vorne oder von der Seite anzugreifen. Mit Vorliebe verlegt er sich auf Nachzügler oder Einzelgänger. Kaum hat er sein Opfer erspäht, so schiebt er sich vorwärts, schleicht heran und setzt leicht und behende zum Sprung auf das Tier an, das er im Auge hat. Er packt seine Beute so lautlos, daß die in

Lithographie von Otto Speckter, 1837.

Schäfer und Mutterschaf. Miniatur aus dem Stundenbuch von Rohan, 15. Jh.

unmittelbarer Nähe weidenden Tiere ihn gar nicht bemerken.

Zunächst schlägt er seine Zähne in den Nakken des Beutetieres, das in seiner Todesangst keinen Widerstand leistet. So zerrt er es Seite an Seite mit sich und treibt es an, indem er ihm Schläge mit dem Schwanz versetzt. Erst an einem sicheren Ort wird die Beute verzehrt.

Ist sein Bau weit entfernt, so schlitzt er das Schaf auf und weidet es blitzschnell aus, um auf diese Weise seine Bürde zu erleichtern, die er nun mühelos heimtragen kann. Ein allzu großes oder schweres Tier wird über den Boden fortgeschleift.

Ein Wolf, der ein Schaf auf seine Weise zerlegt, arbeitet mit großem Geschick und geht sehr umsichtig vor. Zuerst reißt er das Fell in Fetzen herunter und belohnt sich für seine Mühe mit einem ersten Happen. Er zerteilt das Fleisch sauber in Portionen und versteckt sie an verschiedenen Stellen, wo er sie leicht wiederfindet, wenn er sie braucht. Falls er befürchten muß, ein anderer Fleischfresser könnte ihm seine Beute streitig machen, so vergräbt er sie in der Erde."

In dieser Zeit war die Angst vor dem Wolf für die Schäfer kein leeres Wort, denn Abbé Carlier beendet sein Kapitel mit folgendem Hinweis:

„Es ist also angezeigt, sich gegen den Wolf vorzusehen, aber ohne Furcht. Leute, die wegen der Wölfe ihre Herden nicht auf die Weide lassen, handeln falsch und haben nur Nachteile davon. Das Fleisch der Schafe ist für diese wilden Tiere keineswegs der allergrößte Leckerbissen. Am liebsten fressen sie nämlich Menschen, Esel und Hunde.

Wenn ihr einen wachsamen Schäfer habt, so laßt ohne Furcht euer Vieh auf die Weide und gönnt ihm den nötigen Auslauf. Wandernde oder tollwütige Wölfe sind selten. Wenn sie auftauchen, sind die Menschen stärker bedroht als die Schafe, und im Namen der Gesellschaft wird ihnen der Krieg erklärt; ihr Tod ist beschlossene Sache. Diejenigen, die sie zur Wahrung der öffentlichen Sicherheit bekämpfen, arbeiten gleichzeitig für die Erhaltung der Herden. Angriffe von Wölfen sind seltener als Unglücksfälle, die durch die Angst vor ihnen ausgelöst werden.

Versäumt man es aus übertriebener Furcht, zur rechten Zeit und am geeigneten Ort das Vieh auszutreiben, so bringt man es um den Genuß von frischer und freier Luft, bevor die Winterkälte einsetzt. Wenn man die Tiere jedoch in finstere Verschläge einsperrt, so verzichtet man ohne Grund auf einen Teil des Ertrags der Schur und kann weniger überzäh-

Angriff auf eine Schafsherde in den Pyrenäen. Lithographie, 1866.

lige Lämmer oder auszumerzende Tiere verkaufen."

Jahrhundertelang verweigerte der Staat den Bauern das Recht auf Feuerwaffen, da man Umsturz und Aufruhr befürchtete. Die Jagd war ein Vorrecht des Adels, der vorgab, das Land von Tieren zu säubern, die der Landwirtschaft schadeten, und ihm oblag auch besonders die Bekämpfung der Wölfe. Aber er nahm diese Aufgabe nur sehr nachlässig wahr. Diese Jagd hatte mehr den Charakter einer Freizeitbeschäftigung. Bauern und Schäfer mußten sich also selbst gegen die Wölfe wehren, aber ohne Schußwaffen.

Die Volksphantasie kannte und überlieferte Tausende von Zaubersprüchen, Gebeten und magischen Formeln, die den Wolf vertreiben sollten.

Ein Zauberbuch des 13. Jahrhunderts, das dem Papst Honorius III. zugeschrieben wurde, enthält einen „Spruch, der die Wölfe daran hindert, auf die Schafweiden zu kommen". Der Leser wird angewiesen: „Man stelle sich in die Ecke der Weide, wo die Sonne aufgeht, und spreche fünfmal hintereinander die folgenden Worte, oder aber man sage sie je einmal an fünf aufeinanderfolgenden Tagen: *‚Kommt her, ihr wolligen Tiere, es ist das Lamm der Demut, das euch hütet, Ave Maria. Es ist das Lamm des Erlösers, der vierzig Tage gefastet hat ohne Murren, der nichts zu sich nahm und wahrlich vom bösen Feind in Versuchung geführt wurde. Geh dahin, du graues Tier mit grauen Klauen; suche deine Beute woanders, Wolf, Wölfin und Wolfsjunges, du sollst nicht kommen zu diesem Fleisch, das hier ist. Im Namen des Vaters, des Sohnes und des Heiligen Geistes, und des heiligen Sankt Cerf. Vade retro, Satanas.‘* Dieser Spruch wird zunächst in der ersten Ecke aufgesagt, danach in allen anderen, und wenn man wieder am Ausgangspunkt angekommen ist, fängt man von vorne an." Es gab eine Unzahl von meist weniger ausführlichen Bannsprüchen; jede Landschaft und jede Lokalkultur hatte ihre eigenen. In der Corrèze lautete die Formel: *„Wolf oder Wölfin, das Tier, dem du nachstellst, ist weder dein noch mein; es gehört der heiligen Jungfrau, die dir Maul und Zähne verschließen möge mit dem Schlüssel des heiligen Laurentius."*

Die Gebete sind an bestimmte Rituale gebunden: im Limousin sagte die Schäferin, wenn sie den Wolf kommen sah, das Vaterunser rückwärts auf. Bei Limoges kam eine Gesundbeterin in die Schäferei und scharte die Herde um sich. In der linken Hand hielt sie eine Schere, und mit der Rechten schlug sie das Kreuzzeichen. Sie ging um die Schafe herum, hielt die Schere in der Hand und sprach dazu:

„Geh fort, du garstiges Tier,
Rühr mir diese Schafe nicht an.
Sie sind weder dein noch mein,
Sie sind der Jungfrau Maria.
Wenn du sie anrührst, wird sie böse sein."

In den Vogesen brachte man der hl. Genoveva eine Gabe und sprach vor ihrem Bild folgendes Gebet: *„Heilige Genoveva, die Ihr sieben Jahre lang die Schafe gehütet habt, beschützt meinen Hund vor dem Wolf, wie auch mich und alles, was mein ist. Zügelt den Wolf und die Wölfin, ich bitte Euch darum."*

Diese Beschwörungen sind Gebete oder magische Formeln, mit denen man sich des Beistands übernatürlicher Kräfte gegen böse Mächte oder gegen die Bedrohung durch ein gefährliches Tier versichern wollte. Es gibt unzählige davon, und sie werden zum Teil noch heute verwendet. Im 17. Jahrhundert trug der Pfarrer Jean-Baptiste Thiers in sorgfältiger Kleinarbeit die altüberlieferten kirchlichen Bräuche Frankreichs zusammen. In seinem Werk finden wir das folgende „Wolfs-Paternoster". *„Im Namen des Vaters, des Sohnes und des Heiligen Geistes, ihr Wölfe und Wölfinnen, ich beschwöre und banne euch, ich beschwöre euch im Namen der geheiligten, hochheiligen Jungfrau, die gesegneten Leibes war, ihr sollt keines der Tiere aus meiner Herde nehmen und wegtragen, weder Lämmer, noch Schafe, noch Böcke... und ihnen nichts zuleide tun."*

In den Ardennen hatte die Beschwörung Ähnlichkeit mit einer Teufelsaustreibung: *„Wölfe, Wölfinnen und Jungwölfe! Euch alle beschwöre ich im Namen des lebendigen Gottes, daß ihr keine Macht haben sollt, weder über mich noch über jene Tiere, seien sie wollig oder behaart, gleich welcher Art, wie auch der Teufel dem Priester nichts anhaben kann, wenn er die Heilige Messe liest. Geh vorne vorbei, geh hinten vorbei und verschwinde nach ..."* Manche Gebete hatten die Form eines Dialogs zwischen dem Anrufenden und dem Wolf selbst. Ihr Aufbau zeigt starke Ähnlichkeit mit dem Abzählreim: „Wolf, wo bist du?"

„Wolf, was hast du im Sinn ?
– Ich gehe, weiß nicht, wohin,
Such mir ein verirrtes Schaf
Bestehl den Hirten im Schlaf.
– Wolf, ich verbiete es dir,
der Allmächtige helfe mir,
laß meine Tiere in Ruh !
O Mutter Gottes, sieh zu,
daß ihnen kein Leid geschieht.
Wolf oder Wölfin, worauf bist du aus?
– Ein verirrtes Schäflein will ich zum Schmaus
– Und wenn du es hast, was wirst du dann tun ?
– Die Haut ihm aufschlitzen, und trinken sein Blut.
– Du wirst es nicht beißen, nicht trinken sein Blut.
Maul zu, Maul zu, Maul zu!"

Eine sehr elegante Art, den Wolf loszuwerden, bestand darin, ihn mitsamt der Mäuse, Ratten und Maulwürfe dem Nachbarn auf den Hals zu schicken, wie in dem folgenden ‚Wolfs-Vaterunser' aus der Gascogne:

„Dein Bauch sei voll, dein Bauch sei leer,
Geh sonstwohin, komm nicht hierher,
Dort magst du Schaf und Lamm dir holen,
Maultiere, Kälber und auch Fohlen.
Geh sonstwohin und bleib mir fern,
Woanders kannst du rauben gern,
Nur nicht in meinem eignen Haus.
Ein Vaterunser für den Wolf.
Dein Bauch sei voll, dein Bauch sei leer.
Geh sonstwohin, nur komm nicht her."

Zum Schutz der Herden ließ man die Wölfe von einem Zauberer verhexen, wie in der Corrèze, wo man diesen Brauch als „Bannen des Wolfs" bezeichnete. Der Zauberer sprach ein nur ihm allein bekanntes Gebet und bannte damit den Wolf, der dadurch völlig harmlos wurde. Sobald er jedoch über einen Bach sprang, war der Bann aufgehoben, und die Herden waren wieder in Gefahr. Die Schäferin mußte dann ein Vaterunser rückwärts beten oder eine Münze in einen Eimer Wasser werfen.

In Berry glaubte man auch, wenn die Schäferin den Wolf zuerst sehe, könne er ihrer Herde nichts anhaben. Er sei dann von ihrem Blick gebannt und völlig ungefährlich. Wenn sie jedoch von dem Tier überrascht werde, so verliere die Ärmste die Sprache. In den Ardennen herrschte ein ähnlicher Aberglaube: wenn jemand den Atem eines Wolfes einatmete, wurde er stumm. In der Champagne, nach Berry zu, erzählte man von einem jungen Mädchen, das beim Gänsehüten von einem Wolf überrascht wurde; es bekam einen so großen Schrecken, daß es eine Woche lang nicht mehr sprechen konnte. Um diesem Schicksal zu entgehen, mußte die Schäferin ihre Kopfbedeckung abnehmen, mit aufgelösten Haaren dem Wolf entgegenlaufen und sich dabei heftig schütteln. Wenn auch das nichts nützte, konnte sie die

Schäferhorn. Lothringen, 19. Jh.

Sprache wiederfinden, wenn sie Sankt Loup eine Gabe darbrachte.

Am Neujahrsmorgen nahmen die Schäfer in der Belgrader Gegend ihr Horn und bliesen darauf nach allen vier Himmelsrichtungen. Übrall dort, wo das Horn zu hören war, konnte der Wolf nichts ausrichten, und die Herden blieben unbehelligt.

Bevor die Tiere nach dem Winter zum ersten Mal aus der Schäferei oder dem Stall herausgelassen wurden, waren die Hirten darauf bedacht, ein Schutzritual einzuhalten, eine Art Übergangsritus von der Dunkelheit zum Licht. In der Bretagne sprach man eine Beschwörungsformel gegen den Wolf, in den Vogesen bekam das Vieh am Markustag geweihtes Salz.

In Berry ließen die Schäferinnen kleine Holzstöckchen segnen, um ihnen so eine schützende und Gefahren abwehrende Kraft zu verleihen. Gegen Ende des 19. Jahrhunderts geriet dieser Brauch in Vergessenheit, aber Laisnel de la Salle, ein Freund und Nachbar von George Sand, hat ihn genau beschrieben: „In manchen Landkreisen des unteren Berry wird neun Tage vor Ostern der sog. „Weiße Freitag" begangen. Er ist ein Fest der Hirten und wird vor allem von den Schäferinnen gefeiert. An diesem Tage fasten sie, und aus den umliegenden Dörfern kommen sie in großer Schar nach La Châtre, um an der Messe teilzunehmen. Jede von ihnen trägt ein kleines Bündel von „weißen Stöckchen", das sind Haselstecken, deren Rinde man abgeschält hat. Oft werden sie von den Verehrern der Mädchen mit phantasievollen Schnitzereien verziert. Diese Stöckchen müssen von einem einzigen Haseltrieb geschnitten werden, und zwar in bestimmten Mondnächten. Das ganze Jahr über werden sie zum Treiben und Abzählen der Schafe verwendet . . . Bei uns auf dem Lande sagt man diesen Haselruten nach, daß sie geheime Kräfte besitzen, und jedes Bündel enthält eine ungerade Anzahl von Stöcken verschiedener Länge. Darin erkennen wir die Spuren einer Tradition, die sich bis zur Antike zurückverfolgen läßt. Die Alten glaubten nämlich, daß die ungerade Zahl den Göttern gefällig sei, und unsere Schäferinnen scheinen ganz der gleichen Ansicht zu sein. Nachdem der Pfarrer von La Châtre die weißen Stöckchen gesegnet hatte, war es noch bis vor kurzem Brauch, die Statue des hl. Lazarus, die in einer Seitenkapelle der Kirche stand, mit ihnen zu berühren, oder auch bei Bedarf recht heftig zu schlagen. Nicht anders machten es die Heiden, welche oft die Bildnisse ihrer Götter schlugen, um ihnen neue Kräfte zu verleihen. St. Lazarus wurde wohl wegen seines Namens (Lazare = le hasard, der Zufall) als Schutzheiliger des Zufalls angesehen und ist vor allem für das wechselhafte Schicksal der Herden zuständig. Die weißen Stöckchen werden nach ihrer Einsegnung an den Deckenbalken des Schafstalls aufgehängt und nach und nach verbraucht."

In der Sologne fand zum Schutz der Jungtiere der Herde die sog. „Kälbertaufe" statt: „Am ersten Karfreitag nach der Geburt eines Kuh- oder Stierkalbs ging der Kuhhirt, der sonst die Tiere hütete, in den Stall und schlug mit seinem Stock dreimal auf das Hinterteil des Jungtieres, wobei er sprach: ‚Von jetzt an wirst du . . . heißen, und ich verbiete dem Wolf, dich zu fressen.' Danach wird der Täufling in die Herde aufgenommen." Die Schäfer hielten die genaue Kopfzahl ihrer Schafe geheim, denn wenn man sie ausplauderte, setzte man die Tiere der Gefahr aus, gefressen zu werden: „Wenn man die Schafe gezählt hat, frißt sie der Wolf".

Die Schäfer hatte auch oft besondere Schutzheilige. In den Vogesen war es die hl. Genoveva, die Herden, Hunde und Schäfer vor den Übergriffen der Wölfe beschützte. Überall in Frankreich wurde St. Wolf (St. Loup) angerufen, der aufgrund seines Namens als Schutzpatron für Menschen und Tiere galt. Im Département Cher hatte im 16. Jahrhundert der hl. Blasius die gleiche Bedeutung. Um Schafe und Weidegründe vor Überfällen des Wolfs zu schützen, schrieb man im 17. Jahrhundert den Namen des hl. Basilius auf einen Zettel und befestigte ihn an der Spitze des Hirtenstabes oder an einem Pfosten.

Zur Sommersonnenwende wurde auch der Johannistag von den Schäfern feierlich begangen, vor allem in der Bretagne, wo sich dieser Brauch bis 1870 oder 1880 hielt: „ . . . in Sibiril (Finistère) gibt es eine bestimmte Wegkreuzung, wo die Wölfe sich nach dem Tode ihres Königs versammeln, um einen Nachfolger zu wählen; man nennt ihn den „König der Schafe". Die meisten Schäfer meiden diesen Ort, ausgenommen diejenigen, die im Vertrauen auf den Segen des hl. Johannes am 24. Juni in aller Frühe zum nächstgelegenen Versammlungsplatz der Wölfe gehen und dort kniend den Sonnenaufgang erwarten. Dabei sprechen sie in bretonischer Sprache folgendes Gebet:

Heiliger Sankt Hans, wir bitten Euch,
Habt Mitleid mit den Schäfern
Die Tag und Nacht in Gefahr sind
Vom Wolf gefressen zu werden.
Wir bitten Euch, uns zu beschützen,
Wie auch die Schafe unserer Herde
Gegen jenes reißende Tier
Das uns solchen Schaden zufügt.
Es ist die Quelle großen Unglücks
Im ganzen Land und überall.
Heiliger Sankt Hans, drum seid uns gnädig
Und schenkt den Pilgern Euer Mitleid."

Die Opfergaben, mit denen man sich das Wohlwollen des Fleischfressers erhalten möchte, werden oft über einen Heiligen vermittelt, so z. B. in der Yonne, wo man laut Sébillot ein Schaf schlachtete, um den Wolf zu bannen; das Tier wurde in vier Teile zerschnitten, die in den Ecken des Geländes ausgelegt wurden, das vor Überfällen geschützt werden sollte.

Schon im 15. Jahrhundert war es üblich, dem Wolf ein Lamm zu opfern, um ihn bei Laune zu halten, und im 17. Jahrhundert war es nach J.-B. Thiers Sitte, zum Fest des Hl. Wolf einen Kuchen zu backen; „... um zu verhindern, daß die Wölfe Schaden unter dem Vieh und den Herden anrichten, macht man einen dreieckigen Kuchen, zu Ehren der Hl. Dreifaltigkeit. Er hat fünf Löcher, zum Gedenken an die fünf Wundmale unseres Herrn, und man gibt ihn im Namen von St. Wolf dem ersten Armen, der vorbeikommt. Dieser Brauch wird bei Tillemont und Louvain gepflegt."

Derartige Rituale, Beschwörungen und Gebete waren eine Mischung aus Religion und Volksglauben. Zwar rief man einen Heiligen an und bat ihn darum, die Herde zu beschützen, aber der Wortlaut des Gebets und die es begleitenden Riten waren heidnischen Ursprungs.

In der Bretagne pflanzte man einfach einen Stock auf dem Feld auf, der das Vieh vor den Zähnen des Wolfs bewahren sollte. Woanders hängte man dem Leithammel eine Knoblauchknolle um den Hals, an der Stalltür wurde ein Wolfszahn, eine Pfote oder ein Rosenkranz befestigt. „In der Gegend von Linard (bei Bonnat, Creuse) hängten die Bauern in einer Ecke

Statue des heiligen Johannes, ein Schaf tragend. Ende 16. Jh.

des Schafstalls einen großen Rosenkranz auf, der aus etwa nußgroßen geschnitzten Holzperlen bestand, die man schwarz färbte. Dieser Rosenkranz hatte die Eigenschaft, die Schafe zu beschützen und den Wolf fernzuhalten."

Auf den Bergweiden warnten Schäfer und Kuhhirten sich gegenseitig mit Hilfe von Hörnern oder durch lautes Rufen, wenn sie einen Wolf in der Nähe vermuteten. George Sand hörte diese Warnrufe auf einer Reise durch die Gascogne im Jahre 1830: „Es war keine Seltenheit, dort in den Pinien- und Korkeichenwäldern einem Wolf zu begegnen. Es verging kein Tag, an dem man nicht die Rufe der Schäfer hören konnte, die von Gebüsch zu Gebüsch die Warnung weitergaben, daß ein Wolf in der Nähe sei."

Die einfachsten Mittel reichten oft aus, um den Wolf in die Flucht zu schlagen. Wenn nichts anderes zur Hand war, nahmen die Schäfer ihre Holzschuhe und schlugen sie laut aufeinander. Das Klappern der Holzsohlen oder

der Nägel, mit denen sie beschlagen waren, jagte dem Tier Furcht ein. Wenn man Steine aneinanderschlug, erzielte man die gleiche Wirkung. In den Pyrenäen benutzten die Schäfer Schwirrhölzer, flache Brettchen mit ausgezackten Rändern, die einen höllischen Lärm machten, wenn man sie an einer Schnur in der Luft kreisen ließ.

Schwirrholz aus dem Baskenland, 1946.

Man sagte dem Wolf nach, daß er lichtscheu sei. Schon durch das Anzünden eine Streichholzes konnte man ihn vertreiben. Leute, die bei Nacht von einem Wolf verfolgt wurden, haben die Wirksamkeit dieser Abwehrmaßnahme bestätigen können. Im übrigen ging man niemals nachts ohne eine sog. „Wolfslaterne“ aus, die ihn unfehlbar auf Abstand hielt. Man konnte auch eine Laterne an einem Stock aufhängen, die aus verschiedenfarbigem Glas angefertigt war. Unter dem Schutz dieses hin- und herpendelnden Lichtes waren die Schafe sicher.

Abbè Carlier empfiehlt 1770 folgende Methoden, um den Wolf von den Herden fernzuhalten: „Es gibt hunderterlei Vorrichtungen, den Wolf zu fangen oder zu vertreiben. Dieses Tier scheint selbst zu wissen, daß es eine Geißel der menschlichen Gesellschaft ist, und sein Instinkt gibt ihm ein, alles zu fürchten, was seine Existenz gefährden könnte.

Wer den Wolf auf Abstand halten will, soll ein Feuer anfachen und die Glut mit feuchtem Stroh oder Mist abdecken, damit dicke Rauchwolken aufsteigen. Man vertreibt den Wolf auch, indem man ein Gewehr abfeuert: allein schon der Geruch des Schießpulvers schlägt ihn in die Flucht, und die Musketensalven tun ein übriges.

Ebensowenig kann das Tier Musik ertragen, und der Klang der Instrumente verscheucht es. Man hat uns von einem Dorfmusikanten erzählt, dem zwei angriffslustige Wölfe nachstellten. Zunächst warf er ihnen ein paar Happen zu, die er vom Hochzeitsmahl auf den Heimweg mitgenommen hatte. Nachdem die Wölfe alles aufgefressen hatten, griffen sie ihn wieder an. Der Spielmann, dem nur noch seine Geige geblieben war, spielte ihnen eine Melodie vor und schlug sie damit in die Flucht . . .

Sowie ein Schäfer den Wolf kommen sieht, soll er seine Hunde auf ihn hetzen und einen Schuß abgeben. Anstelle eines Gewehrs tut

Wolfslaterne.

nachts auch ein Knallfrosch gute Dienste. Sogar ein glühendes Holzscheit, ein Feuerzeug, mit dem man Funken aus einem Stein schlägt, oder zwei Feuersteine, auch an Pfählen aufgehängte Stoffetzen, deren Stellung man öfter ändern muß, oder das Rufen und Schreien der Schäfer halten den Wolf fern.

Daneben gibt es ein sehr einfaches, aber unfehlbares Mittel, das die Bauern anwenden, um zu verhindern, daß Wölfe in schlecht gesicherte Schafställe und Pferche eindringen. Aus groben Werg laßt ihr Stricke drehen. Dann schlagt ihr kleine Holzpflöcke in gewissen Abständen in den Boden und spannt die Stricke darüber. Der Hanfgeruch der frischen Stricke beeindruckt den Wolf genauso stark wie das Schießpulver. Es ist angezeigt, einen gewissen Vorrat an neuen Stricken zu haben, damit man sie von Zeit zu Zeit auswechseln kann. Auch die Pflöcke sollten öfter versetzt werden, da der Wolf sich allmählich an Dinge gewöhnt, die er täglich sieht, und darüber hinwegspringt.

Es gibt vielerlei Arten, den Wolf zu vernichten; durch Treib- und Hetzjagden, Fallen, Köder, das Auslegen von vergiftetem Fleisch, durch die Aussetzung von Kopfprämien usw.“

In Mittelfrankreich waren die Schäferinnen mit kleinen Schreckschußpistolen ausgerüstet. Erst gegen Ende des 19. Jahrhunderts kamen sie außer Gebrauch, und noch im Jahre 1976 erinnerte sich ein zweiundneunzigjähriger Bauer aus Berry an sie.

Im äußersten Fall versuchte der Schäfer oder die Schäferin, dem Wolf die Beute zu entreißen, die er schon gepackt hatte. In vielen Erzählungen und Illustrationen sind solche Kämpfe dargestellt: auf der einen Seite ein Wolf, der schon das Bein des Schafes im Maul hat, auf der anderen die Schäferin, die aus Leibeskräften in der anderen Richtung zieht. Auf dem Mont d'Or im Jura errichteten die Kuhhirten einfache Unterstände aus unbehauenen Steinen, die man „Wolfswehren“ (guettes au loup) nannte.

Das beste Mittel, sich zu verteidigen, war jedoch ein gut dressierter Schäferhund. Es waren gefährliche Tiere mit Halsbändern, die mit spitzen Eisennägeln beschlagen waren. Anne-Marie Brisebarre beschreibt, auf welche Weise sie in den Cévennen eingesetzt wurden: „In den Cévennen wurden bis gegen Ende des 19. Jahrhunderts Schutzhunde gehalten, d. h. solange, wie die Schäfer ihre Herden gegen

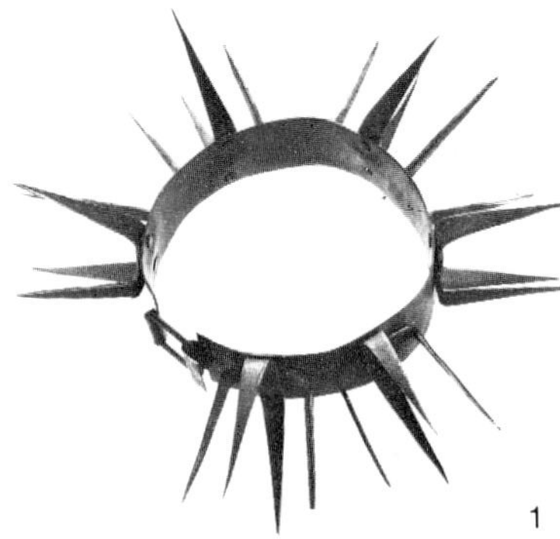
1

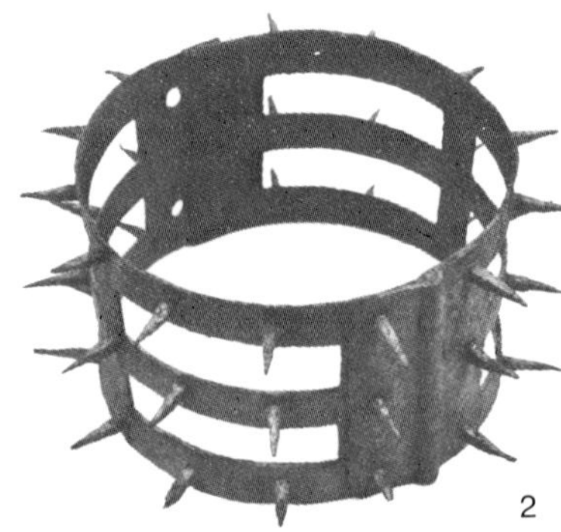
2

3

Hunde-Halsbänder aus der Türkei (1), Südfrankreich (2 – 3).

Wölfe und andere Raubtiere verteidigen mußten. Diese Hunde trugen schwere Halsbänder, damit der Hals vor den Bissen der Wölfe geschützt war. Die ältesten Halsbänder stammten aus der Werkstatt des Dorfschmieds; sie bestanden aus schmiedeeisernen Gliedern. Damit der Hund nicht selbst verletzt wurde, unterlegte man das Halsband mit einem Stück Schafspelz. Später wurden diese sehr schweren Halsbänder durch solche aus Leder ersetzt, die mit langen Nägeln beschlagen waren. Darunter wurde ein zweites Halsband aus Leder oder sogar aus Kastanienholz getragen, damit der Hals vor den Nägeln geschützt blieb."

In ihrer Selbstbiographie erzählt George Sand die Geschichte eines Schäferhundes aus der Gascogne: „Der Hund Pigon war eine Mischung von Tiefland und Gebirge, er war nicht nur tapfer, sondern geradezu heldenhaft im Umgang mit Wölfen. Er ging nachts ganz allein in den Wald, um sie aufzuspüren, und wenn er morgens zurückkam, hingen Fleischfetzen und Fellstreifen an seinem gefährlichen Halsband, das mit Eisenspitzen beschlagen war. Leider vergaß man eines Abends, ihm sein Halsband umzulegen. Das unerschrockene Tier begab sich auf seine nächtliche Pirsch und kam nicht wieder."

Daneben gab es alle möglichen Fallen und Lockmittel, um Wölfe zu fangen, aber sie wurden kaum von den Schäfern verwendet und blieben den Waldhütern, Holzfällern und Prämienjägern vorbehalten.

Kopfjäger

Die Bekämpfung der Wölfe durch königliche Beamte, die sich vor allem mit der Organisation von Treibjagden und sonstigen Jagdunternehmungen in großem Stil befaßten, reichte nicht

Kampf zwischen Schäferhund und Wolf in den Pyrenäen. Stich von einem Gemälde von J. Gélibert, 1870.

aus, um die Bauern vor den Schäden zu schützen, die diese Tiere anrichteten. Oft mußten sie sich mit ihren bescheidenen Mitteln selbst zur Wehr setzen. Diese Art von Jagd, die von Fall zu Fall und individuell betrieben wurde, war fast eine Art Notwehr.

Seit dem 15. Jahrhundert hatten die Bauern in Frankreich das Recht, den Wolf zu jagen. Das Jagdrecht des Grundherrn wurde jedoch dadurch in keiner Weise eingeschränkt. Karl VI. legt in einem Erlaß von 1413 fest:

„Hiermit gestatten und erlauben wir jeglicher Person, welchen Standes sie auch sei, sämtliche Wölfe und Fischotter, ob groß oder klein, zu jagen, zu fangen und zu töten. Das herrschaftliche Jagdrecht bleibt davon unberührt..."

Hundert Jahre später erläßt Karl IX. eine Verordnung, die es sämtlichen Untertanen erlaubt, „von ihrem Grund und Boden mit Steinwürfen und lauten Schreien alle roten und schwarzen Tiere (Füchse, Wildschweine und Wölfe) zu vertreiben, die dort Schaden anrichten."

„Mit Steinwürfen und Schreien", heißt es ausdrücklich, denn jahrhundertelang hütete man sich wohl, den bäuerlichen Massen ein Gewehr in die Hand zu geben. Auch wenn das Tragen von Waffen gelegentlich erlaubt wurde, waren die zu leistenden Abgaben doch so hoch, daß sich die meisten Bauern einen solchen Luxus nicht leisten konnten.

Zwar wurde die Bekämpfung der Wölfe durch Prämien belohnt, aber der Mangel an Feuerwaffen war ein großes Hindernis. Aus diesem Grund hatten die Wolfsjäger und Wildhüter eine Schlüsselstellung inne. Oft beanspruchten sie das alleinige Recht auf die Wolfsjagd und die dafür ausgesetzten Prämien. Die meisten Wölfe wurden von Wildhütern, die ja über Waffen verfügten, in den Wäldern und auf den Ländereien geschossen, die dem Grundherrn gehörten. Die Bauern hingegen unternahmen solche Jagdzüge nur dann, wenn ihnen unmittelbare Gefahr drohte und ihre Herden angegriffen und dezimiert wurden. Zwischen den armen Bauern und dem hungrigen Tier wurde ein zäher und selten erfolgreicher Kampf geführt, den man eigentlich kaum als Jagd, sondern eher als Selbstverteidigung ansehen muß. Nur mit seiner Sense, Sichel, Hacke oder was sonst gerade zur Hand war, konnte der Bauer sich gegen die mörderischen Fänge und scharfen Krallen des Wolfs zur Wehr setzen. Dieses Bild – der Mensch im Kampf mit einem Dämon, dem man alles mögliche nachsagt, zieht sich durch viele Berichte, in denen sich Realität und Phantasie eng miteinander vermischen.

Aus „La chasse illustrée", 1873.

Eine Notiz des Präfekten des Départements Aube aus dem Jahr 1804 weist darauf hin, „daß die Wölfe meist von den Einwohnern auf ihrem eigenen Lande, oder von Wildhütern bei ihren Rundgängen getötet werden; man fängt sie auch in Fallen, die sowohl die einen als auch die anderen an den Wildwechseln aufstellen. Die Verstecke der Jungtiere werden im allgemeinen von Frauen und sogar Kindern entdeckt."

Wolfsgabel.

Hier wurde ein Tagelöhner beim Dreschen von einem reißenden Wolf angegriffen, und er erschlug ihn mit seinem Dreschflegel. Dort wurde ein Wolf, der eine zu Tode erschrockene Frau bedrohte, von einem Köhler aufgespießt. Woanders brachte ein Schäfer den gefräßigen Räuber, der es auf seine Schafe abgesehen hatte, mit seinem Hirtenstab zur Strecke. Einem tollwütigen Tier schlitzte man mit einer Sichel den Bauch auf. Die Archive sind voll von derartigen Berichten, deren Wahrheitsgehalt stets von irgendeiner örtlichen Behörde bestätigt wird.

Einzelne Bauern, Abenteurer oder ehemalige Jagdhüter machten die Wolfsjagd zu ihrem Gewerbe. Jean Anglade erzählt die Geschichte eines Wolfsjägers, der im 19. Jahrhundert in der Auvergne bei Lioran lebte. „Einer der berühmtesten Wolfsjäger des vorigen Jahrhunderts, ein gewisser Motolet, hatte sein Standquartier in der Gemeinde Mandailles bei Lioran. Er war auf eine sehr seltsame Art und Weise zu diesem Beruf gekommen. Eines abends, als er zu Fuß nach Hause ging, wurde er auf halbem Wege von der Dunkelheit überrascht und entschloß sich, im Freien zu übernachten. Er bereitete sich ein Lager aus Zweigen und trockenem Laub, deckte sich mit seinem Mantel zu und schlief ein. Irgendwann mitten in der Nacht spürte er plötzlich etwas Warmes, Feuchtes auf seiner Wange. Er wachte auf und sah sich einem Wolf gegenüber, der gerade seine Zunge zurückzog. Was hatte das Tier wohl veranlaßt, ihm diesen Judaskuß zu geben? Motolet erwehrte sich des Tieres, so gut er konnte. Von diesem Tag an ließ er Sense und Sichel im Stich und widmete sich seinem neuen Beruf.

In jedem Winter fing Motolet mehrere Wölfe; er erdrosselte sie, zog ihnen das Fell ab und verkaufte es... Eines Abends, als er einen Rundgang machte, um nach seinen Wolfsfallen zu sehen, tat er einen falschen Schritt und stürzte durch die Zweige, die zur Tarnung dienten, in eine solche Grube hinein. Da saß er nun selbst in der Falle. Aber unten wartete schon ein Wolf auf ihn, der vor ihm hineingefallen war, mit aufgesperrtem Maul und Augen, die in dem dunklen Loch wie zwei Laternen glühten. In dieser Nacht war der Wolfsjäger ganz auf sich allein gestellt. Weit und breit war keine Hilfe in Aussicht, und er hatte auch keine Unterröcke, die er dem Tier hätte über den Kopf werfen können. Der Zweikampf dauerte bis zum anderen Morgen, wie in der Fabel von der Ziege des Herrn Séguin. Stundenlang wirbelten sie in ihrer engen Arena umeinander, unter Knurren und Fluchen kämpften sie keuchend in äußerster Wut gegeneinander an, und doch konnte keiner den anderen bezwingen. Derjenige, dessen Kräfte zuerst versagten, war verloren. Der Kampf währte, wie gesagt, nur bis zum Morgengrauen, aber er hätte sich ebensogut mehrere Tage und Nächte lang hinziehen können, denn Mensch und Tier waren einander ebenbürtig, aus dem gleichen Holz geschnitzt, und standen an Wildheit und Ausdauer einander nicht nach. Eigentlich hätten sie beide gleichzeitig umfallen und gemeinsam sterben müssen. Es war ein Kampf, den keiner gewinnen konnte. Die Sache ging jedoch anders aus, denn die Marianon trommelte eine Schar von

Dorfleuten zusammen, machte sich auf die Suche nach ihm und fand ihn schließlich. Man warf ihm ein Seil zu, wie bei der Frau mit den Unterröcken, und zog ihn daran schleunigst aus der Grube. Als er mit dem Kopf wieder ans Tageslicht kam, erkannte ihn keiner wieder, so sehr hatte er sich verändert. Sein Gesicht war kreideweiß, wie man ihn noch nie gesehen hatte, seine Augen waren aus ihren Höhlen getreten, seine abgebrochenen Zähne schauten hervor, und trockener Schaum hing an seinem Mund. „He, Motolet, was ist denn mit dir passiert?" „Heute Nacht bin ich durch die Hölle gegangen."

Dann wandte er sich seinem Gegner zu, der noch unten in der Grube saß, und überschüttete ihn mit Flüchen. Er beschimpfte das Tier mit Worten, die man niemals aussprechen darf, nicht einmal, wenn man allein mit seinem eigenen Schatten ist. Alle Anwesenden schämten sich für ihn. Darauf ergriff er das Seil, mit dem er gerettet worden war, schlang es dem Wolf um den Hals, zog ihn daran aus der Grube und hängte ihn an einem Baum auf. Während der Wolf noch heulte und strampelte, zog er ihm bei lebendigem Leibe das Fell ab. Alle, die dabei zusehen und zuhören mußten, waren vor Schreck erstarrt. Das grausam gemarterte Tier röchelte und bewegte sich noch immer, auch als das Fell schon bis zum Kopf abgezogen und der Rest des Körpers nur noch eine blutige Masse Fleisch war.

Der Älteste der Gruppe sagte zu dem Wolfsjäger: „Weißt du, Motolet, Wölfe sind nichts als Wölfe, aber sie verstehen mehr von den Dingen, als man glaubt. Du hast deinem Feind bei lebendigem Leibe das Fell abgezogen, und das ist nicht recht. Das Unglück komme über dich, und nicht über uns."

Ein im Jahre 1884 erlassenes Jagdgesetz erlaubte jedem Eigentümer oder Pächter, den Wolf auf seinem eigenen Grund und Boden zu jagen, ohne daß dafür eine Genehmigung erforderlich war. Aber auch diese Regelung erwies sich als unzureichend, zumal die Bauern kaum über brauchbare Jagdgewehre verfügten, da deren Verkauf auch weiterhin mit sehr strengen Auflagen verbunden war.

Die Kopfprämien

Für die Erlegung eines Wolfs wurden nicht erst in der Neuzeit Belohnungen ausgesetzt. Bereits die Griechen hatten im 5. Jahrhundert vor Chr. eine Verteidigungsorganisation gegen die Wölfe

Wolfsjagd. Lithographie von J. P. Thénat, 1829.

ins Leben gerufen. Die Kopfprämie für den Wolfsjäger betrug fünf Drachmen. Die ersten Kapetinger setzten Prämien für das Fangen von Wölfen auf ihren Landgütern aus; die Aufzeichnungen des Schatzamtes von 1297 erwähnen eine Ausgabe von 60 Soles für das Fangen von zwölf Wolfsjungen. In anderen Gegenden war die Wolfsjagd obligatorisch, und die Jäger erhielten keinerlei finanzielles Entgelt. Es war ein Frondienst wie alle anderen, und die Bauern wurden nur in Ausnahmefällen davon freigestellt. Später wurden die Bauern, die Wölfe auf den Ländereien von weltlichen oder kirchlichen Herren erlegten, von diesen entlohnt, aber derartige Zuwendungen waren in keinem Erlaß vorgeschrieben und hingen völlig von der Großzügigkeit des Grundherrn ab. Erst durch eine Verordnung vom 6. Oktober 1781 wurden die Landbewohner durch Belohnungen dazu ermuntert, die „schädlichen Tiere“ auszurotten. Diese Praxis verbreitete sich während der Französischen Revolution allgemein. Wegen der starken Vermehrung der Wölfe erließ der Nationalkonvent der Revolution 1794 ein Dekret, das für ihre Ausrottung hohe Prämien festlegte.

Dieser Anreiz war so groß, daß die Wolfsjagd im ganzen Land deutlich zurückging, als die Prämien herabgesetzt wurden. Dies geschah mit dem Gesetz vom 28. Juni 1797. Es lohnt sich, daraus die Bedingungen für die Inanspruchnahme der Prämie zu zitieren, die bis auf einige

Die Fährte eines Wolfes oder Hundes? Holzschnitt aus „La chasse illustrée“, 1878.

unbedeutende Veränderungen bis 1882 in Kraft blieben.

„...jeder Bürger erhält eine Prämie von 50 Pfund für das Erlegen einer trächtigen Wölfin, 40 Pfund für einen Wolf, 20 Pfund für ein Wolfsjunges.

Wenn ein tollwütiger oder nicht tollwütiger Wolf Menschen oder Kinder angefallen hat, so erhält derjenige, der ihn zur Strecke bringt, eine Prämie von 150 Pfund.

Jeder, der ein solches Tier getötet hat und eine der oben erwähnten Prämien beansprucht, hat sich an den Vorsteher der seinem Wohnsitz nächstliegenden Gemeinde zu wenden, um sich dort den Tod des Tieres, sowie sein Alter und Geschlecht bestätigen zu lassen. Wenn es sich um eine Wölfin handelt, muß festgestellt werden, ob sie trächtig ist oder nicht. Der Kopf des Tieres und das von dem Vorsteher aufgenommene Protokoll werden an die Verwaltung des Départements geschickt, wo eine Zahlungsanweisung an den Kasseneinnehmer dieses Départements ausgestellt wird, und zwar aus Geldern, die ihm auf Anordnung des Innenministers eigens zu diesem Zweck zur Verfügung gestellt werden."

1807 wurden die Prämien erneut herabgesetzt, jedoch 1818 wieder erhöht. Nun mußte der Jäger, um seine Belohnung zu erhalten, das Tier dem Bürgermeister der Gemeinde vorlegen, auf deren Gebiet er den Wolf erlegt hatte. Dieser setzte dann ein Schreiben auf, in dem er den Namen und den Beruf des Jägers angab und den Wolf sowie die Umstände seiner Erlegung beschrieb. Mit diesem Zeugnis mußte der Jäger dann bei der nächsten Unterpräfektur vorsprechen; in späterer Zeit war die Präfektur des Départements zuständig. Er nahm zusätzlich noch ein „Beweisstück" mit; je nach den Umständen und der zurückzulegenden Entfernung den Kopf, die Ohren, die Pfoten oder auch den ganzen Wolf. Nach Kenntnisnahme des Fanges leitete der Unterpräfekt nun einen „Vorlagebericht" an die Präfektur weiter. Wenn diese Unterlagen vollständig waren, ordnete der Präfekt schließlich die Zahlung der Prämie nach den geltenden Tarifen an.

Man muß sich fragen, ob sich so viele Formalitäten und Umstände wirklich auszahlten. Zweifellos! Im Département Indre betrug zu Beginn des 19. Jahrhunderts der durchschnittliche Tageslohn etwa einen Franken. An einem getöteten Wolf konnte ein Bauer soviel verdienen wie in 20 Tagen harter Arbeit. Noch 1850 bringt das Erlegen eines Wolfsjungen neun Franken, das eines ausgewachsenen Wolfes sogar 24 Franken ein; das entspricht zwölf Tagesverdiensten eines guten Erntearbeiters. Dafür lohnte es sich, Wälder und Haine zu durchstreifen, Hügel und Täler zu durchwandern, in denen Wölfe lebten. An Jägern hat es wohl nicht gefehlt, aber wehe, man war sich nicht einig darüber, wer das Tier getötet hatte!

Jagd und Hetzjagd

„Von den wilden Tieren, die in den Wäldern leben und von Menschen und Hunden gejagt werden, ist der Wolf das bösartigste, da er den größten Schaden anrichtet und es verdient, von Menschen und Hunden aufgespürt, verfolgt, gejagt und gehetzt zu werden..." So äußerte sich Jacques de Fouilloux 1573 in seiner berühmten Abhandlung über die Jagd.

Obwohl man den Wolf verachtete, fand man doch Gefallen an seiner Jagd und betrachtete sie sogar als eine der interessantesten. „Die Wolfsjagd" schreibt Graf le Couteulx von Canteleu im 19. Jahrhundert, „ist unter allen Hetzjagden, die in Frankreich betrieben werden, die schönste Jagd. Der Wolf wird so lange von sich abwechselnden Hundemeuten gehetzt, bis er vor Erschöpfung umfällt. Diese Art zu jagen ist recht aufwendig und kommt nur für wohlhabende Personen in Frage. Die Wölfe laufen oft bis zu zehn, zwanzig oder dreißig Meilen weit, bevor sie von den Hunden gestellt werden." Die Möglichkeit, einen Wolf bei der Verfolgungsjagd zu fangen, ist demnach ziemlich gering. Ein alter Wolf läßt sich oft tagelang jagen und ist ausdauernder als die Hetzhunde, er kann mit seinen Kräften haushalten und seine Flucht einteilen. Schon auf mancher Jagd wurden deshalb sehr weite Strecken zurückgelegt.

Die Hunde spielen bei der Jagd eine entscheidende Rolle. Der Spürhund sucht die Fährte des Wolfes und schlägt ihn von der Meute gefolgt in die Flucht. Er würgt auch die Wolfsjungen in ihrem Bau. Während erwachsene Wölfe schwer zu erlegen sind, lassen die Jungen sich leicht fangen, da sie schwächer sind und sich kaum einmal aus ihrem Revier fortbewegen. Die Wölfin hingegen setzt sich absichtlich der Meute aus, um sie von dem Platz wegzulocken, an dem sie ihre Jungen versteckt hat.

Das Erlegen eines Wolfes mit einer Hundemeute wird als Heldentat betrachtet. In der Enzyklopädie von Diderot und d'Alembert findet man anschauliche und ruhmvolle Beschreibungen der Wolfsjagd im 18. Jahrhundert. Die dort erläuterten Techniken werden im darauffolgenden Jahrhundert noch allgemein angewandt; es werden z. B. Jagdzüge gebildet aus Hunden und guten, kräftigen Pferden mit großer Ausdauer, denn der Wolf flieht immer nach vorn und kehrt, sofern er nicht sehr schwer verletzt ist, niemals auf dem gleichen Weg zurück. „... man folgt dem Spürhund, um den Wolf vorsichtig zu umzingeln, denn das kleinste Geräusch treibt ihn aus seinem Bau. Hat man die Stelle dann ausfindig gemacht, wo er in den Wald geschlüpft ist, muß man schnell eine sehr große Strecke vorauseilen, um sich zu vergewissern, daß er nicht schon viel weiter vorgestoßen ist. Es kommt vor, daß man nach einer Weile auf eine Ebene gelangt, auf der der Wolf sich „befreit" hat, d. h., daß er Wasser gelassen und gescharrt hat wie ein Hund; dann kann man mit Sicherheit davon ausgehen, daß er den Entschluß gefaßt hat, das Dickicht zu durchdringen und es ist sinnlos, ihn weiter zu verfolgen... Der Wolf kann nur in seltenen Fällen von Hetzhunden überwältigt werden, denn es gibt nur wenige Hunde, die es mit diesem Tier aufnehmen können. Bei der Jagd versuchen daher die Reiter vorauszupreschen, um den Wolf zu töten oder zumindestens anzuschießen. Man kann ihm auch in offenem Gelände auflauern, wenn man meint, er müsse es überqueren, und greift ihn dort mit Windspielen und schweren Kampfhunden an, die man zu diesem Zwecke an der Leine führt. Die Windhunde holen den Wolf schnell ein. Während sie ihn ablenken, haben die schwerfälligeren Hunde genügend Zeit, nachzukommen. Dann wird der Kampf ungleich und blutig; und während der Wolf versucht, sich zu verteidigen, kann er ziemlich leicht mit dem Degen erlegt werden."

Fährten von Wolf und Hund. Aus J. Clamorgan „La chasse du loup", 1640.

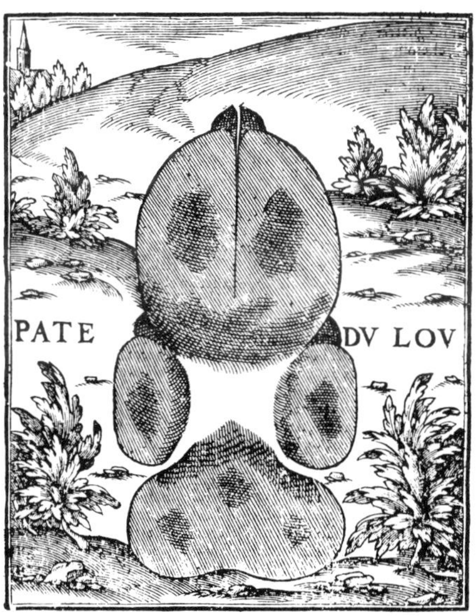

Es war üblich, nach dem Tod des Wolfes, den Hunden ihren Anteil an der Beute zu überlassen. Da die Hunde eine Abneigung gegen Wolfsfleisch hatten, mußte man es erst zerteilen, anrichten und braten. Anschließend wurde es noch mit Brot und Käse zu einem Brei verarbeitet.

Die Jäger hatten einen präzisen und reichhaltigen Sprachschatz für die Wolfsjagd. Der Gebrauch eines unpassenden Begriffs wurde als Geschmacklosigkeit angesehen und zeugte von mangelnder Bildung. Man hatte beispielsweise besondere Bezeichnungen für jedes Alter und jedes Verhalten des Wolfes und der Wölfin und für jeden Abschnitt der Jagd. Der Wolf wird im Französischen „louveteau“ (Wolfsjunges) genannt, bis er sechs Monate alt ist, dann „louvart“ (Wölfling) bis er ein Jahr alt ist, „jeune loup“ (Jungwolf) bis zu zwei Jahren, „loup (Wolf) von zwei bis vier Jahren, „vieux loup“ (Altwolf) bis zu fünf Jahren, „grand loup“ (großer Wolf) von fünf bis zu acht Jahren und „grand vieux loup“ (großer Altwolf), wenn er älter als acht Jahre wird. Die Wölfin nennt man zunächst „louveteau“ (Wolfsjunges), dann „louvarde“ (kleine Wölfin) bis zum ersten Jahr, „jeune louve“ (Jungwölfin) bis zu zwei Jahren, „louve“ (Wölfin) von zwei bis zu vier Jahren, „vielle louve“ (Altwölfin) nach dem vollendeten vierten Lebensjahr.

Hier stellt sich die Frage, an welchen Merkmalen die Jäger das genaue Alter der Wölfe feststellen konnten, und die Zurückhaltung der Autoren in ihren Abhandlungen über die Wolfsjagd wird verständlich.

In dieser Fachsprache heißen die Wechsel, die von den jungen Wölfen benutzt werden, „abattis“, „allaites“ sind die Zitzen der Wölfin, „aligner“ bedeutet, daß ein männlicher Wolf eine Wölfin begattet, „donner au carnage“ sagt man, wenn ein Wolf Aas frißt, déchaussures“ sind die Stellen, an denen das Tier seine Losung verscharrt hat. „Demeures“ sind die Plätze, die es aufsucht, um sich auszuruhen. Die „flâtures“ sind die Stellen, an denen der Wolf die Nächte verbringt; „laissées“, „laisses“, „lasses“ seine Losung, „rêner“ bedeutet, daß er die Zähne fletscht, die „trainée“ ist ein Tierkadaver, den

Auf dem Anstand. Holzschnitt von K. Bodmer aus „La chasse illustrée“, 1888.

man übers Land zieht, um die Wölfe anzulocken. („Faire trayn de char", sagt Gaston Phébus.) Man sagt „chasser loup" (Wolf jagen) und nicht den Wolf jagen. Die Gangart des Tieres wird „aller d'assurance" oder „de bon temps" genannt, wenn das Tier sich bei der Jagd nicht hetzen läßt, und „il ne fait que d'aller", wenn es langsam geht.

Das Leben der berühmten Wolfsjäger hat Geschichtsschreiber und Biographen wenig interessiert, aber jede Provinz hat ihre Helden. Da wären u. a. Henri-Louis Ernest de Tinguy de Nesmy (1814 bis 1891) in der Vendée, dessen Jagdbeute auf mehr als 2000 Wölfe geschätzt wird. Jacques de Larye (1752 bis 1796), der tausend Tiere tötete, und Emile de la Besge (1822 bis 1905), der über sechshundert zur Strecke brachte. In der Bretagne vernichtete der Graf von Châteaubourg achthundert Wölfe, der Baron Halna du Fretay über dreihundert und Pierre Guérin über hundert zwischen 1792 und 1802. In Nordfrankreich schließlich lebte die Baronin von Draeck (1747 bis 1823), die den Beinamen „Diana von Bredenarde" oder „Wolfsbaronin" bekam. Ihre weidmännischen Heldentaten sind in die Legenden von Artois eingegangen. Schon als kleines Mädchen schlüpfte sie in eine Jagdtasche und begleitete ihren Onkel Alexandre auf die Jagd. Bei den Ursulinen von Saint Omer übernahm sie die Aufgabe, sämtliche Ratten im Kloster zu töten, und nachdem sie Lamoral de Draeck geehelicht hatte, beschloß sie, die Wölfe auszurotten. Charlotte de Lauretan war so berühmt und

Die Baronin von Draeck, „Wolfsbaronin" genannt.

unentbehrlich geworden, daß sie auf einen Antrag der revolutionären Behörden hin in ihrem Schloß von Zutkerque bleiben und ihre Jagdzüge fortsetzen durfte. Bis zum Ende ihrer Tage trug sie Männerkleider.

Jäger, die alleine unterwegs waren, lauerten dem Wolf lieber auf seinen gewohnten Gängen auf oder lockten ihn mit einem Köder in ihre Schußnähe. Aber der Wolf ist schlau, und sie mußten geschickt vorgehen, um seine Wachsamkeit zu täuschen.

Wenn die Jäger dem Wolf in freiem Gelände auf seinen gewohnten Gängen auflauerten, mußten sie eine Vollmondnacht abwarten, neue Holzschuhe anziehen oder sich in frische Tierhaut hüllen; sie mußten sich an der dichtesten Stelle eines Busches oder in einem dicht belaubten Baum verbergen. Daneben war auch zu beachten, woher der Wind kam, sonst wurde der Jäger von dem Wolf gewittert, lange bevor er selbst das Tier sichtete, und er konnte die ganze Nacht auf seinem Baum verbringen, ohne auch nur den Schwanz eines Wolfes erspäht zu haben.

In Hungersnöten oder harten Wintern konnte man sich auch in der Nähe eines Gehöftes oder von bewohnten Häusern auf die Lauer legen. Da dort der Menschengeruch ohnehin vorhanden war, brauchte man weniger Vorsichtsmaßnahmen zu treffen. Auf diese Art und Weise wurde nur gejagt, wenn die Wölfe bereits in der Nähe von Wohnhäusern bemerkt worden waren. Man lockte die Wölfe dann mit einem Köder: ein totes Schaf, ein Hundekadaver, ein verendetes Kalb, ein Huhn... Aber der Wolf ist mißtrauisch, und er brauchte manchmal einige Tage, bevor er sich dem Köder näherte, um den er erst zur Erkundung große Kreise zog.

Die Treibjagd

Die Treibjagd (sog. ‚huées', ‚traques' oder ‚tric-traques') war eine Art zu jagen, die gelegentlich zur Anwendung kam, wenn ein Gebiet oder eine Region von Wölfen besonders heimgesucht wurde. Dabei ging es nicht mehr um die notwendigen Verteidigungsmaßnahmen, sondern es handelte sich um einen regelrechten Vernichtungsfeldzug gegen den Feind von Mensch und Tier, den die Verwaltung mit Hilfe der Bauernschaft durchführte.

Es war wohl im Jahre 1583, als eine königliche Verordnung bezüglich der Treibjagden erstmals in ganz Frankreich Geltung erlangte. Heinrich III. erklärte darin: „Wir gebieten den Landesherren, ihren Leutnants und allen anderen Herren, einen Mann pro Haushalt aus jeder Gemeinde ihres Gebietes mit geeigneten Waffen und Hunden zur Wolfsjagd zu entsenden, und dies dreimal im Jahr zu einer Zeit, die ihnen am günstigsten erscheint." Zwanzig Jahre später weitete Heinrich IV. diese Einrichtung aus und forderte alle „Landesherren, hohe Träger der Gerichtsbarkeit und Lehnsherren" auf, „ihre Pächter und Untertanen alle drei Monate oder je nach Bedarf auch öfter bei günstigem Wetter zu versammeln, und an hierfür geeigneten Tagen mit Hunden, Armbrusten und anderen Waffen Wölfe, Füchse, Dachse, Fischotter und andere schädliche Tiere zu jagen."

Bis zur Französischen Revolution fanden Treibjagden in allen von Wölfen besonders heimgesuchten Landstrichen statt. Sie wurden begleitet von Trommelwirbeln, anderen lauten

Wetterfahne aus Buzançais (Indre, Frankreich).

Schlaginstrumenten oder Gejohle. Nach dem Sturz des Ancien Regime wurden die Treibjagden systematisiert, besser organisiert und gezielter eingesetzt. Am 7. Februar 1797 setzte ein Erlaß die Bedingungen für diese Jagden fest, die das ganze 19. Jahrhundert über Gültigkeit hatten. In den staatlichen Wäldern, in denen jede andere Jagd verboten war, fanden alle drei Monate Treibjagden auf Wölfe statt. Diese wurden von der Zentralverwaltung der Départements, nach Abstimmung mit den Forstbeamten der Kreise, angeordnet.

In einem Rundschreiben legte der Innenminister 1818 die Voraussetzungen für eine erfolgreiche Treibjagd fest und sorgte für die notwendige Abstimmung zwischen den „Leutnants der Louveterie", den Präfekten und der Forstverwaltung. Als vorsichtiger Mann empfahl er jedoch, dabei gewisse Rücksichten zu nehmen, „um die Untertanen nicht durch zu häufige Aufrufe zu belästigen." Tatsächlich mußten die

Holzschnitt von Yan d'Argent aus „La chasse illustrée", 1868.

Bewohner mehrerer Gemeinden oft einen ganzen Tag lang Treiberdienste leisten, und dies bedeutete einen beträchtlichen Arbeitsausfall für den kleinen Bauern.

Mit dem Verschwinden der Wölfe wurde zum Ende des 19. Jahrhunderts dieser große Aufwand unnötig, und die Treibjagden werden nur noch vereinzelt auf einfache Entscheidung des Bürgermeisters hin durchgeführt.

Die Organisiation einer Treibjagd im 19. Jahrhundert erforderte eine oft langwierige Verwaltungsprozedur mit mehreren Etappen. Als erstes unterrichtete der Bürgermeister den Präfekten genauestens über den durch die Wölfe angerichteten Schaden in seiner Gemeinde und stellte den Antrag, eine Treibjagd anzusetzen. Nach Rücksprache mit dem Forstinspektor des Departements, der seine Waldhüter mit der Überprüfung der Tatbestände beauftragte, genehmigte der Präfekt schließlich per Erlaß die Durchführung der Treibjagd. Selbstverständlich blieb den Wölfen genügend Zeit, sich nach anderen Départements abzusetzen, und die Verwaltungsprozedur mußte einige Meilen weiter von neuem begonnen werden.

Die Treibjagden wurden entweder im Frühling (von März bis Mai) veranstaltet, wenn die Wölfinnen geworfen hatten, und die Wölfe „doppelte Beute" machen mußten, um ihre Nachkommenschaft zu ernähren, oder zwischen November und Januar, wenn „der Hunger den Wolf aus dem Wald heraustreibt." In den übrigen Monaten fanden sie weniger häufig statt, denn es war nicht gerade angenehm, den dicht belaubten Wald nach Wölfen abzusuchen, oder sie in Getreidefeldern zu verfolgen, ganz abgesehen davon, daß es heikel war, die Bauern in einer Jahreszeit heranzuziehen, in denen die Feldarbeit ihnen keine freie Minute ließ.

Die Forstverwaltung bereitete mit Hilfe der „Leutnants der Louveterie" die Jagd vor und schickte den Bauern eine Aufforderung zur Teilnahme, in der Ort und Zeitpunkt angegeben wurden. Jede Gemeinde stellte eine bestimmte Anzahl von Schützen und Treibern. Erstere mußten sich bewaffnen und sich Schießpulver, Kugeln oder Rehposten beschaffen. Die Treiber, einfache Pächter oder Kleinbauern, die keine Gewehre besaßen, bewaffneten sich mit Piken, Heu- und Mistgabeln. Sie brachten große Hunde mit, deren Halsbänder aus Eisenplatten bestanden, die mit Ringen oder Scharnieren verbunden und mit Stacheln gespickt waren. Alle herangezogenen Jäger versammelten sich auf dem Dorfplatz und begaben sich unter der Anführung des Bürgermeisters und des Landgendarmen an den Jagdort, wo jedem eine bestimmte Aufgabe zugeteilt wurde.

„Die Schützen werden am Waldrand und im Windschatten an Wildwechseln, Pfaden und sonstigen Stellen postiert, die von den Wölfen am häufigsten aufgesucht werden, so daß sie in einem angemessenen Abstand eine Kette bilden. Die Treiber gehen auf der gegenüberliegenden Seite des Waldes in Stellung, so daß sie den ganzen Wald durchkämmen können, um die Tiere den Schützen zuzutreiben."

Auf ein Zeichen des Jagdleiters hin drangen die Treiber in geschlossener Front in den Wald ein. Je nach Gegend und Epoche herrschte bei den Treibjagden entweder vollkommene Stille, wie im 19. Jahrhundert, oder man setzte Hörner, Trommeln, Bratpfannen und andere Lärminstrumente ein, wie im 17. und 18. Jahrhundert.

Die aufgeschreckten Wölfe stürzten dann an den Waldrand, wo sie die Front der Schützen erwartete. Wenn die Jagd beendet war, notierte sich der verantwortliche Leiter die Namen aller Männer, die sich aus dem Staub gemacht hatten. Ihnen allen und denjenigen, die am Morgen nicht erschienen waren, wurde eine Geldbuße auferlegt.

Bei diesen Jagden oder Treibjagden gegen die Wölfe war es untersagt, auf andere Tiere zu schießen. Die Versuchung war natürlich groß, von den Gewehren, die den Bauern ja nur einige Stunden zur Verfügung standen, anderweitigen Gebrauch zu machen. Doch die Feldhüter und Landgendarmen wachten über die korrekte Durchführung der Anordnungen.

Am Ende des Tages verfaßte der Jagdleiter einen Bericht für die Präfektur, in dem er sie über den Verlauf der Jagd, das Verhalten der Teilnehmer und die Zahl der getöteten oder angeschossenen Wölfe unterrichtete. Der folgende Bericht über eine Treibjagd in sechs Gemeinden bei Boischaut in Berry, dem Land der Romane von George Sand, stammt vom 30. Januar 1810: „... sie wurde mit großer Umsicht durchgefüht unter der Aufsicht der Forsthüter und geleitet von M. Thomas Depoix, Leutnant der Louveterie. Es konnten sechs Wölfe, drei Wölfinnen und zwölf Füchse erlegt werden. Etwa sechs bis sieben Wölfe sind entkommen, von denen drei mit Sicherheit an ihren Verletzungen eingehen werden. Da sowohl die Jäger als auch das Jagdgefolge sehr erschöpft waren, konnten sie die Tiere nicht weiter verfolgen, doch der Leutnant der Louveterie bot sich an, zu einem späteren Zeitpunkt nach ihnen zu suchen. Alle zur Teilnahme an dieser Jagd herangezogenen Gemeinden haben genau die geforderte Anzahl an Männern bereitgestellt. Mehrere Bürgermeister haben persönlich daran teilgenommen. Sämtliche Beteiligten haben ihre Aufgabe gewissenhaft erfüllt."

Nachtwache bei einer Treibjagd im Elsaß. Stich von P. Kauffmann aus „La chasse illustrée", 1876.

Man muß unterscheiden zwischen lokalen Treibjagden, die auf Gemeinde- oder Kreisebene unternommen wurden, und solchen, die vom Innenminister Lainé 1818 angeordnet und an ein und demselben Tag im gesamten Bereich eines Départements durchgeführt wurden. Er empfahl, diese im März vor dem Austrieb des Getreides und nach dem ersten Schnee im Dezember vorzunehmen; ihr Erfolg versprach um so größer zu werden, je weiter ausgedehnt sie waren, so daß die Tiere, die bei der einen Treibjagd entkommen konnten, direkt in die nächste gerieten.

Nach dieser Anordnung fanden große Treibjagden in mehreren Départements statt. Nach der Revolution und während der Restauration wurden sie häufig angesetzt, insbesondere dort, wo die Wölfe überhand genommen hatten. Nach 1840 gab man sie auf, denn die Ergebnisse standen in keinem Verhältnis zu dem Aufwand. In der ganzen ersten Hälfte des 19. Jahrhunderts wird in den Berichten und Aufzeichnungen der Präfekten die Unwirksamkeit der Treibjagden beklagt. Lainé muß sich 1818 eingestehen, daß sie meistens nur dazu dienen, die Tiere zu vertreiben. Die mangelnde Organisation der Jagd und die Unerfahrenheit der Jäger werden meistens als Grund für den Mißerfolg angegeben.

Der Mißerfolg bei zahlreichen Jagden wird den Tagelöhnern, Pächtern und Knechten angelastet, die sich einfach weigern, sich der notwendigen Disziplin zu beugen. Sie erscheinen zur Treibjagd, um eine Geldbuße zu vermeiden, begnügen sich jedoch damit, ihre Zeit dort totzuschlagen. Auch kommt es nicht selten vor, daß mit einer Treibjagd Mißbrauch getrieben wird; z. B. machen die Bauern in der Provinz Berry auf dem Weg zu einer Treibjagd eine Runde durch die Wirtshäuser, oder sie setzen sich ab, sobald sie im Wald sind, und verstecken sich zum Kartenspielen. „Es liegt ein merkwürdiger Widerspruch in der Mentalität der armen Bauern von damals,“ sagt Maurice Agulhon; „als Einzelne hatten sie die Hauptlast der durch die Wölfe angerichteten Schäden zu tragen und waren auch diejenigen, die sich am heftigsten darüber beschwerten; dennoch waren sie nicht in der Lage, den Kampf gegen die Wölfe als Gemeinschaftsaufgabe zu organisieren. Im Gegenteil: in ihrer außerordentlich großen Armut, ihrer Passivität und ihrer Widerspenstigkeit widersetzten sie sich sogar allen Versuchen der Staatsmacht, derartige Jagden zu organisieren.“

Nach der Treibjagd. Holzschnitt aus „La chasse illustrée“, 1886.

Natürlich waren die langen Märsche durch die oft undurchdringlichen Wälder sehr ermüdend. Aber vor allem bedeutete dies für die Bauern den Verlust eines Arbeitstages, für den sie in keiner Weise entschädigt wurden. Kann der Mißerfolg der Treibjagden, wie es die Präfekturen und Forstverwaltungen zahlreicher Départements behaupten, ihnen überhaupt angelastet werden? Sicherlich nicht! Bei der Suche nach den Ursachen dieses Mißerfolges müßten alle oben angeführten klimatischen, sozialen und kulturellen Faktoren berücksichtigt werden. Im übrigen sollte man diese „Mißerfolge" etwas nüchterner betrachten. Denn in der ersten Hälfte des 19. Jahrhunderts sprach man zwar von „fruchtlosen Treibjagden", wenn nur wenige Wölfe erlegt wurden, aber es steht fest, daß bei mehr als drei Vierteln der Treibjagden wenigstens eines dieser Raubtiere vernichtet wurde, und die Art begann auszusterben, ohne daß man sich dessen bewußt wurde.

Die Louveterie*

Schon unter Solon gab es bei den Griechen eine Organisation zur Bekämpfung der Wölfe, und gegen Ende des 5. Jahrhunderts wurden auch in Burgund besondere Jagdgesetze erlassen. Doch erst unter Karl dem Großen entstand die erste richtiggehende Institution zur Abwehr der Wölfe. Im Jahre 813 wurden die Grafen aufgerufen, in jeder Grafschaft zwei Beamte zu ernennen, die ausschließlich für die Wolfsjagd zuständig waren.

Diese ‚luparii' die Vorläufer der späteren ‚Louvetiers' (beamtete Wolfsjäger), waren gehalten, dem Kaiser über die Ergebnisse ihrer Jagd Bericht zu erstatten, ihm das Fell der getöteten Tiere zu senden, im Mai die Jungwölfe aufzuspüren und sie mit Gift, Fangeisen, Hunden und Wolfsfallen zu fangen.

Dieses neue Amt war mit besonderen Privilegien ausgestattet; es bedeutete Befreiung vom Waffendienst in der Armee, das Recht auf kostenlose Übernachtung und Bewirtung (droit de gîte) sowie die Zuteilung eines bestimmten Maßes Getreide aus den Abgaben, die dem Kaiser zustanden.

Gegen Ende des 13. Jahrhunderts gab es am königlichen Hof besondere Würdenträger der Louveterie; sie unterstanden der Leitung des ‚Grand Louvetier de France' (Oberster Wolfsjägermeister von Frankreich). Im Jahre 1308 hatte Gilles de Rougeau unter Philipp dem Schönen dieses Amt inne, 1323 unter Karl IV. (dem Schönen) war es Pierre de Besu.

Die ‚Louvetiers' wurden unmittelbar vom König entlohnt und übten ihr Amt auf den königlichen Domänen aus; die Schultheiße (baillis) und Seneschalle waren gehalten, die gleiche Aufgabe innerhalb der Grafschaften wahrzunehmen, führten jedoch nicht den Titel eines Louvetier. Die Bauern wiederum waren verpflichtet, bis zum 14. Jahrhundert die Louvetiers und ihr Gefolge aufzunehmen und zu bewirten; eine unangenehme Pflicht für den „armen Landmann", der die Anwesenheit des Herrn als eine schwere und erdrückende Last empfand. Dies umso mehr, als einige Louvetiers sich für die geleisteten Dienste bezahlen ließen und den Bauern verboten, selbst Jagd auf den Wolf zu machen. Dies führte zu Unzufriedenheit, Protesten und offenem Widerstand, so daß der Königshof schließlich eingreifen mußte.

Im März des Jahres 1395 wird unter Karl VI. die Wolfsjagd neu geregelt: „Alle Sonderrechte, die irgendwelchen Personen gewährt wurden, sollen in Wegfall kommen"; der Erlaß gibt „Personen jeglichen Standes das uneingeschränkte Recht, sämtliche Wölfe und Wölfinnen zu fangen, zu töten und zu jagen."

Sogar das Amt des königlichen Wolfjägers wird abgeschafft, aber im Jahre 1404, als die durch Wölfe verursachten Schäden stark zugenommen haben, wird es wieder eingeführt. Die Louvetiers dürfen eine Gebühr von zwei „deniers parisis" für den Kopf eines getöteten Wolfs und vier deniers für eine Wölfin von jedem Haushalt der Gemeinden erheben, die in einem Umkreis von zwei Meilen von dem Ort entfernt liegen, an dem das Tier gefangen wurde."

Erst Franz I. gilt jedoch als der wahre Begründer des Amts zur Bekämpfung der Wölfe. In einem Erlaß aus dem Jahre 1520 wird dieses Amt eingerichtet und der „Grand Louvetier de France" ernannt, dem die „Leutnants

* Die Louveterie war eine paramilitärisch organisierte Institution, die die Aufgabe hatte, die Wölfe zu bekämpfen.

der Louveterie" unterstellt sind. Diese Beamten wurden vom königlichen Schatzamt bezahlt.

1583 regelt eine neue Verordnung die Aufgaben der königlichen Wolfsjäger. Dreimal jährlich müssen sie, unterstützt durch Beamte des Ministeriums für Forst- und Wasserwirtschaft, die Bewohner ihres Bezirkes mit Waffen und Hunden zusammenrufen, um auf die Wolfsjagd zu gehen. Der „Grand Louvetier" selbst greift mit seinem Jagdgefolge nur dann ein, wenn die Raubtiere in einer Gegend auftauchen, in der keine Offiziere der Louveterie tätig sind. Meist beschränkt sich seine Funktion jedoch darauf, den Königshof auf seinen Reisen zu begleiten, sei es, um die Wölfe von der königlichen Residenz fernzuhalten, oder um ihm das Vergnügen einer Wolfsjagd zu verschaffen. Er erstattet der Regierung Bericht über die bei der Vernichtung erzielten Erfolge, kümmert sich um die Besetzung freier Stellen und hat den Oberbefehl über die Louvetiers.

Im 17. Jahrhundert sind die Leutnants der Louveterie gehalten, einen gefangenen Wolf „innerhalb von 24 Stunden zum nächstgelegenen Stadt- oder Dorfgericht zu bringen." Dort wird im Beisein eines Richters und drei örtlicher Notabeln ein Protokoll aufgenommen und die Namen aller Dörfer und Pfarreien festgehalten, die sich im Umkreis von zwei Meilen befinden." Innerhalb dieses Gebietes haben die Leutnants das Recht, von den Einwohnern zwei ‚deniers' für einen Wolf zu erheben; davon „ausgenommen sind Bettler und Arme, die weniger als fünf ‚sols' an Steuern bezahlen."

Unter Ludwig XIII. erfährt das königliche Jagdwesen und damit auch die Wolfsjagd einen Aufschwung. Unter Ludwig XIV. erreicht die Louveterie ihre Glanzzeit. Damals führte der Thronfolger (Dauphin) das Jagdgefolge an. Allein im Jahre 1686 unternahm er 96 Wolfsjagden, so daß die Tiere in den Wäldern und Forsten der Umgebung von Paris praktisch ausgerottet waren. Nach seiner Zeit geriet die Pracht der königlichen Louveterie in Verfall.

Einem Erlaß von Ludwig XVI. aus dem Jahre 1785 ist zu entnehmen, daß die Privilegien, die den Beamten der Louveterie gewährt wurden, sich seit dem Mittelalter kaum verändert hatten. Noch immer sind sie befreit von der Steuer, der Bewirtungspflicht im Kriegsfall sowie vom Wach-, Garde- und Patrouillendienst. Bis zur Französischen Revolution untersteht die Louveterie direkt der Krone, die sie auch finanziert und beaufsichtigt. Ihre Offiziere werden unter den Großen des Königsreichs ausgewählt.

Ein Gesetz vom 9. August 1787 schafft diese Institution ab, da sie für den Staat zu kostspielig geworden ist. Damit verschwindet eine Einrichtung, die über neunhundert Jahre bestanden hat.

Während der Revolution dürfen die Waldbesitzer selbst den Wolf jagen. Doch sehr bald, nämlich am 28. August 1804, läßt Napoleon die alte Institution wieder aufleben. Sie ist einem „grand veneur" (Oberjägermeister) unterstellt, der die Hauptleute und Leutnants der Louveterie ernennt und neu beruft. Letztere müssen auf eigene Kosten ein Jagdgefolge unterhalten, das aus mindestens einem Piqueur (reitender Jäger, der die Hunde anführt), zwei Fährtensuchern, einem Hundeführer, zehn

Der „Grand louvetier". Ölgemälde von E.-J. Lauret, 1845. Jagdmuseum Senlis.

Hetzhunden und vier Spürhunden besteht. Sie müssen sich um die Vernichtung der Wölfe kümmern und hierfür ihre Zeit und ihre Geldmittel der Verwaltung zur Verfügung stellen. Zu ihren Aufgaben gehört es, Fallen zu stellen, die Würfe der Wölfinnen aufzuspüren, Jagden und Treibjagden anzuleiten, sowie den Schädling mit ihrem Gefolge zu jagen. Da die Wolfsjagd allein nicht immer ausreichend Gelegenheit bietet, die Hunde zu beschäftigen, haben sie auch das Recht, zweimal im Monat in den Wäldern ihres Bezirks Jagd auf Spießer (einjährige Rehböcke), Wildschweine und Hasen zu machen."

Ab dem Jahre 1814 sind die Leutnants der Louveterie verpflichtet, jährlich der Verwaltung einen Rechenschaftsbericht über ihre Vernichtungsmaßnahmen vorzulegen. Wenn das Ergebnis nicht den Erwartungen entspricht, können sie u. U. abgesetzt werden. In der Praxis jedoch bleiben die Leutnants im Amt, auch wenn sie nur in unregelmäßigen Abständen Bericht erstatten.

Die Verordnung von 1814 enthält auch Vorschriften über die Uniform der Leutnants und der eventuellen Piqueure: Sie besteht aus einem blauen Rock von geradem Schnitt, „à la française", einer chamoisfarbenen Weste und ebensolchen Beinkleidern, einem Hut mit hochgeschlagener Krempe, einem silbernen Jagdmesser und hohen Stulpenstiefeln.

Sofern sie sich ausschließlich der Wolfsjagd widmeten, brauchten Leutnants und Piqueure keine besondere Jagderlaubnis.

Die Leutnants der Louveterie waren fast immer Großgrundbesitzer, oft von Adel und spielten häufig eine Rolle in der Lokalpolitik. Nach dem „Almanach royal" von 1816 gab es in jenem Jahr 159 derartige Beamte, darunter auch einige Frauen. Die Herzogin von Uzès hatte z. B. in den Jahren 1823–24 im Bezirk Rambouillet dieses Amt inne.

Es war zwar keine Bedingung, jedoch eine wichtige Voraussetzung, daß man über ein gewisses Vermögen verfügte, denn die Leutnants der Louveterie bezogen damals keinerlei Aufwandsentschädigung. Die „Louvetiers", die am längsten im Amt blieben, waren in der Regel sehr wohlhabend. Ihr Auftrag gab ihnen Gelegenheit, mit ihrer Hundemeute das Land zu durchstreifen und fast täglich dem Vergnügen der Jagd nachzugehen.

Abzeichen der Piqueure des Wolfsjägermeisters.

Erst 1971 wurden die Gesetze, die die Wolfsbekämpfung regelten, von Grund auf neu gefaßt. Die Institution selbst blieb jedoch weiter bestehen, obwohl sie ihre eigentliche Daseinsberechtigung schon längst verloren hatte. Die Angehörigen des Offizierskorps der Louveterie sind heute als Berater für Landwirtschaft und Jagdwesen tätig.

Fallen und Gift

Als der Mensch vor einigen Jahrtausenden begann, die Tiere, die er fangen oder töten wollte, zu beobachten, zu ködern, zu täuschen und schließlich in einen Hinterhalt zu locken, war die Falle erfunden. Die Frage, wann sie entstanden ist, wird man wohl kaum beantworten können, denn die Entwicklung der Intelligenz und der Werkzeuge ging in den einzelnen Kulturen auf sehr verschiedene Art vor sich. Aber um sich die Jagd zu erleichtern, stellten die Menschen zweifellos schon Fallen auf, bevor sie das Feuer kannten. Die ersten Fallensteller waren auch die ersten Zauberer und Ingenieure.

Im Laufe der Jahrhunderte wurden nach und nach eine ganze Reihe listenreicher Methoden und Gerätschaften aller Art erfunden, von denen eine grausamer war als die andere: „Es gab Fallklappen, Netze, Wolfsschlingen, Mordinstrumente mit Zähnen und Stacheln oben, unten oder an den Seiten, senkrechte oder waagrechte Guillotinen, zerquetschende oder zermalmende Fangeisen mit oder ohne Zakken . . . .“

Man darf jedoch nicht glauben, daß all diese Methoden wahre Blutbäder anrichteten. Es genügte nicht, einfach eine Falle aufzustellen, um das begehrte Tier zu fangen; sie mußte auch richtig gestellt werden. Gute Fallensteller gab es nur wenige. Sie mußten die Gewohnheiten und das Verhalten ihrer Beute in allen Einzelheiten kennen, ihre Mordinstrumente gut tarnen, und sie durften keine Spuren oder Gerüche hinterlassen . . . . Nur so hatten sie Erfolgschancen. Und selbst dann fanden sie häufig am frühen Morgen nur einen abgestorbenen Ast vor, der von einem Baum gefallen und vom Wind in die Schlinge getrieben worden war, oder eine Feldmaus, die von den grausamen Eisenzähnen eines mächtigen Fangeisens zweigeteilt wurde.

In seinem „Livre de la chasse“ beschrieb Gaston Phébus bereits im 14. Jahrhundert verschiedene Arten von Wolfsfallen. Mit Wolfsschlingen, Fallgruben, Klappfallen, Netzen und Nadelködern führte man einen unerbittlichen

Wolfsgrube. Holzschnitt aus Pietro Crescenzi, De omnibus agriculturae partibus, 1548.

Kampf gegen dieses „bewundernswert geschickte und schlaue Tier.“

Die Wolfsgrube, die häufig in Ortsnamen vorkommt, wurde an einer Stelle ausgehoben, die nicht überschwemmt werden konnte, und zwar auf einer Lichtung oder an einem Waldrand, wo der Wolf vorbeikommen mußte (oder wo er hingelockt wurde). Sie war ein mindestens drei bis vier Meter tiefes Loch, das in Form eines umgekehrten Trichters gegraben wurde, so daß der Wolf nicht die Möglichkeit hatte, an den auskragenden Seitenwänden hochzuklettern oder sich mit einem Satz daraus zu befreien. Selbstverständlich durfte die Arbeit auch nicht die geringste Spur hinterlassen, und die ausgegrabene Erde mußte ein gutes Stück von der Falle weggetragen werden. Zum Teil wurden die Innenwände mit Steinen ausgemauert. Bedeckte man die Grube dann noch mit jungen Haselruten und Moos, so war sie nicht mehr auszumachen; noch besser war es, wenn eine dünne Schneedecke gefallen war, zumal der Frost den Wolf aus dem Wald lockte. Schließlich durfte nicht vergessen werden, im Dorf die genaue Lage der Grube bekanntzugeben, um zu verhindern, daß man dort an Stelle des Wolfes seine Frau oder seine Kinder wiederfand.

Zuweilen wurde der falsche Boden von unten durch einen Holzstab gehalten, an dem dann ein verlockender Köder befestigt wurde, eine hübsche weiße Gans oder eine lebende Ente. „Wenn der Wolf sich daraufstürzte, um sie zu verschlingen, brach das Astgeflecht unter seinem Gewicht, und er fiel in die Grube.“ Allerdings mußte er sehr hungrig sein, denn der Wolf ist vorsichtig; man kann sich vorstellen, daß er erst stundenlang um diesen Köder herumschlich, der sich nicht von der Stelle bewegte. Denn dies machte ihn umso mißtrauischer.

Gaston Phébus beschreibt eine andere Variante dieser Fallgruben: „Kennt man einen Wald, in dem zahlreiche Wölfe leben, so muß man einen Tierkadaver die Wege entlangschleifen . . . . und ihn in die Nähe der Stelle bringen, an der man jagen möchte. Dort muß man eine Grube graben, den Kadaver hineinwerfen und oben eine Öffnung lassen, etwa so groß wie der Kopf eines Mannes. Wenn der Wolf kommt, wittert er den Kadaver in der Grube, aber das Loch wird ihm große Angst einjagen, so daß er ein Stück zurückweicht. Dann wird er das Loch beschnuppern, um es herumgehen wollen und so in die Grube fallen. Man kann ihn lebend herausholen, indem man seinen Hals mit den Zähnen einer eisernen Forke auf den Boden preßt. Dann kann er wie ein Hund festgebunden werden, sofern man nicht vorzieht, ihn zu töten."

Er erwähnt auch die Verwendung von Netzen, die an Bäumen befestigt werden und auf den geköderten Wolf herniedergehen: „Der Wolf kann auf die folgende Weise auch „aus der Hocke" (‚à l'accroupie') gefangen werden. Es wird ein Tier dort getötet, wo man annimmt, daß sich die Wölfe aufhalten. Das Fleisch wird erst durch das Gebüsch und den Wald gezogen und anschließend an einem Ort ausgelegt. Dann läßt man die Wölfe eine ganze Nacht lang fressen. Weiß man, daß sie sich satt gefressen haben, muß man den Tierkadaver in der zweiten Nacht an einen Baum hängen. In der dritten Nacht holt man ihn herunter und spannt einen Steinwurf vom Kadaver entfernt drei Fangnetze gegen die Windrichtung auf. Hinter dem Kadaver und den Netzen müssen sich drei Helfer verbergen, jeweils einer an den Enden der Netze, der dritte steht in der Mitte, etwas weiter abseits. Wenn die Wölfe zum Fressen kommen, so müssen sie zwischen dem Kadaver und den Männern hindurch. Diese müssen sich alsdann erheben, ein lautes Jagdgeschrei anstimmen und ihre Stöcke nach dem Wolf werfen, um ihn in die Netze zu treiben, und sie können ihn töten oder lebendig fangen, ganz wie es ihnen beliebt. Aber vor allem müssen sie die Windrichtung beachten . . . ."

In dem „Jagdbuch des Königs Modus" aus dem Jahre 1379 wird diese Art zu jagen sehr anschaulich dargestellt: „Will man die Wölfe mittels einer Hecke fangen, so muß man dies im Februar tun, denn gegen Ende dieses Monats hören sie auf, die Wölfinnen zu decken und haben großen Hunger, da sie während der Ranzzeit wenig oder so gut wie nichts fressen. Um sie in ein Revier im Wald zu locken, wo man sie fangen will, muß man ihnen folgendermaßen zu fressen geben: Man sucht sich ein sehr dichtes Dickicht aus, mit einer Pfütze oder einem Tümpel, aus dem sie trinken können. Dann legt man ein verendetes Tier, zum Beispiel eine Kuh oder ein Pferd, an eine Stelle des Dickichts, schneidet ihm eine Schulter oder

Wolfsjagd mit Netzen. Holzschnitt aus Louis Grunau, Nouvelle invention de chasse, 1613.

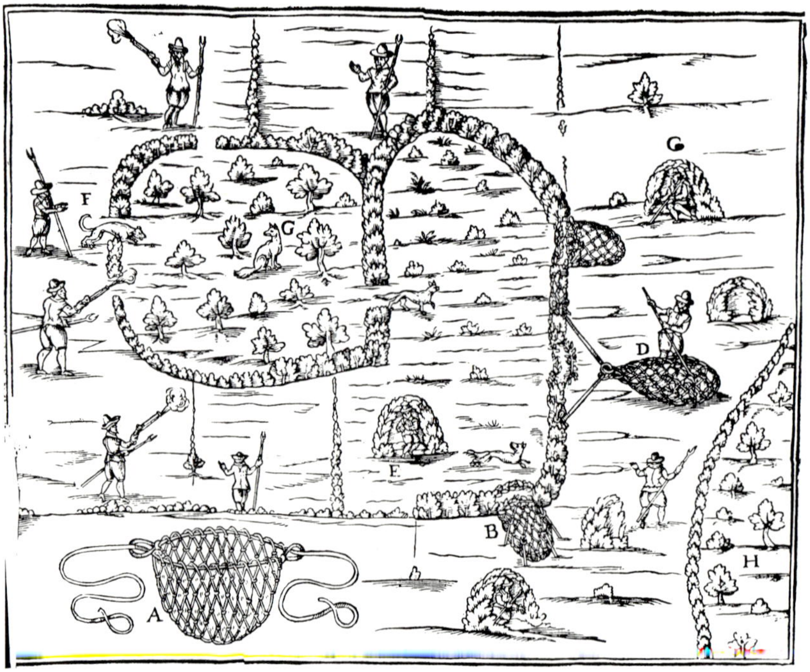

einen Schenkel ab und schleift diesen Köder durch das Gestrüpp, in dem sich die Wölfe aufhalten, und über ihre Wildwechsel, und zwar an mehreren Stellen. Dann bringt man ihn wieder in das Dickicht zurück, wo das Aas liegt. So kann man ihnen am gleichen Tag an zwei oder drei Stellen im Dickicht zu fressen geben, sofern sie nur weit genug voneinander entfernt sind. Wenn man den Wölfen nichts zum Fraß bietet, werden sie die Hirsche angreifen, die zu dieser Jahreszeit geschwächt sind.

Am folgenden Tag muß man nachsehen, ob die Wölfe das Aas gefressen haben. Man muß sich am späten Vormittag unter dem Wind vorsichtig anschleichen. Wenn sie das Aas angefressen, die Knochen abgenagt und den Kadaver

Wolfsjagd. Aus J. Clamorgan, Wolfsjagd, 1640.

hin- und hergezerrt und zerstückelt haben, so kann man sicher sein, daß viele Wölfe dort waren und nicht etwa Hunde. Man wartet einen oder zwei Tage ab, bevor man ihnen an derselben Stelle erneut zu fressen gibt, und gibt ihnen genausoviel wie beim ersten Mal, denn es werden noch mehr Wölfe kommen, sobald sie das Aas gewittert haben. Am nächsten Tag sieht man wieder nach, ob sie die Knochen zernagt, den Kadaver gefressen und an ihm herumgezerrt haben, denn das ist der Beweis dafür, daß viele Wölfe da waren. Manchmal kann man ihre Zahl sogar in etwa anhand der Menge, die gefressen wurde, bestimmen.

Noch am gleichen Tage kannst du jagen und deine Sperren aufstellen, die Hecke aufbauen und deine Netze spannen, und zwar auf die gleiche Weise, wie ich sie für die Wildschweine beschrieben habe.

Es ist besser, Netze zu spannen, als Schlingen auszulegen, und zwar ohne Hecken, da sich der Wolf vor ihnen fürchtet. Die Netze müssen fest, leicht und feinmaschig sein, aus gesponnenem, verzwirntem, locker gedrehtem Garn. Eure Hunde und eure Sperren müssen ziemlich weit vom Gebüsch entfernt im Windschatten aufgestellt werden. Spanne deine Fangnetze zwischen etwa mannshohen Astgabeln auf. Die Fangnetze im Dickicht werden folgendermaßen gespannt: ein Mann trägt das Netz wie einen Schal um die Schultern und geht rückwärts durch das Dickicht hindurch, und ein anderer folgt ihm, spannt das Netz aus und befestigt es, ebenso wie man ein Fangnetz für Hasen anbringt. Es müssen ausreichend Netze zur Verfügung stehen. Um den Wolf zu fangen, ist es klüger, das Netz im Dickicht zu spannen, als anderswo, denn hier ist er weniger vorsichtig.

Nun werde ich dir erläutern, wie die Wachen an den Netzen postiert werden: jede Wache

Wolfsfalle. Aus J. Clamorgan, La chasse du loup, 1640.

muß mit zwei Knüppeln und einer Lanze ausgerüstet werden; auf freiem Feld beziehen die Wachen einen Steinwurf vom Netz entfernt ihre Posten, und zwar auf der Seite, wo die Wölfe sich aufhalten; der Ansitz muß nach vorne hin gut getarnt sein. Wenn ein Wolf kommt, soll die Wache ihn zunächst am Anstand vorbeilassen und dann einen Knüppel nach ihm werfen, ohne einen Laut von sich zu geben, denn sonst macht der Wolf sofort kehrt. Sobald der Wolf ins Netz gegangen ist, schiebt die Wache ihm den zweiten Knüppel zwischen die Zähne und tötet ihn mit der Lanze. Im Dickicht sollten die Wachen enger postiert sein als im offenen Gelände, und sie müssen sich sehr sorgfältig tarnen. Sobald die Wachen auf den Posten sind, stelle man die Sperren auf, genau wie beim Wildschweinfang. Wenn auf der einen Seite eine Lichtung ist und der Wind günstig steht, so daß man die Windhunde einsetzen kann, so halte man sie dort in einiger Entfernung vom Dickicht versteckt, aber nahe beieinander. Sobald ein Wolf kommt, müssen die Windhunde auf ihn gehetzt werden.

Hast du das Dickicht mit Netzen, Sperren und Windhunden umzingelt, so suche dir einen Platz für die Hundekoppel und laß einige deiner Hunde auf die Stelle los, an der die Wölfe gefressen haben. Wenn die Hunde den Wolf gefunden haben, dann hetze die ganze Koppel

Verschiedene Wolfsfallen im 15. Jh. Miniaturen aus dem „Jagdbuch" von Gaston Phébus.

auf ihn, und du wirst eine höchst angenehme und amüsante Jagd erleben. Auch, wenn du nicht alle Wölfe gefangen hast und noch einer im Gebüsch ist, wirst du ihn, falls du erneut jagen willst, am folgenden Tag fangen."

Die Fußangel war eine Art Schlinge, die an einem niedergebogenen Ast befestigt war, der mit einer Kerbe gespannt wurde. Das Tier, das in die Hanf- oder Drahtschlinge geriet, wurde augenblicklich am Hals oder an der Pfote aufgehängt.

Eine andere Falle, die sog. „cage a pieux", „chambre à loup" oder „embûche", gab es sicher schon seit Urzeiten; sie wurden vor allem von den Schäfern angelegt. Gaston Phébus empfiehlt diese Falle, wenn man den Wolf lebendig und unverletzt fangen wollte. „Man baut aus dickem, festen Weidengeflecht zwei runde Einfriedungen, die eine in die andere hinein. Der Eingang des ersten Gatters ist eine Tür, die sich nach innen öffnet. Wenn der Wolf durch diese Tür hereingekommen ist, kann er zwischen den beiden Zäunen herumlaufen, aber nur in einer Richtung, und wenn er wieder bei der Pendeltür angelangt ist, so wird er diese mit den Pfoten oder dem Kopf zustoßen, denn sie ist mit einem Riegel versehen. Weil die Palisade zu hoch ist, kann er auch nicht darüberspringen, sondern nur im Kreis herumlaufen."

Sicherlich war diese Methode wirksam, denn

noch 1818 wurde sie vom Innenminister empfohlen. Er beschreibt die Konstruktion sogar sehr genau: „Man baut mit fünf bis sechs Fuß hohen Pfählen, die einen halben Fuß voneinander entfernt fest in den Boden gerammt werden, eine runde Einfriedung von etwa einem Klafter Durchmesser, in deren Mitte ein lebendes Schaf angebunden wird, das eine oder mehrere Glokken um den Hals trägt. Dann rammt man weitere Pfosten im Abstand von sechs Zoll in den Boden, so daß eine äußere Umzäunung entsteht, die von der ersten etwa zwei Fuß entfernt ist. In dieser Einfriedung läßt man eine Öffnung; links davon ist eine Tür angebracht, so daß der Wolf nur rechts hineingehen kann. Sobald das Tier zwischen den beiden Palisaden ist, wird es in der Hoffnung, seine Beute erreichen zu können, weiter vorwärtsgehen, und wenn es wieder am Eingang angelangt, wird es, da es ja nicht mehr umkehren kann, durch seine Vorwärtsbewegung die Türe schließen."

Die ‚Nadelköder' (aiguilles), die etwa die gleiche Wirkung wie Gift hatten, waren eine weitere Scheußlichkeit, die Gaston Phébus uns im Einzelnen darlegt. „Man kann den Wolf auch mit einem ‚Nadelköder' erlegen, und zwar so: man nimmt soviele Nadeln, wie man möchte und bindet sie paarweise mit Roß- oder Maultierhaar zusammen. Hat man sechs oder sieben Reihen fertig, so dreht man jeweils eine Nadel in die eine Richtung und die andere in die entgegengesetzte. Wenn sie auf diese Art befestigt sind, steckt man sie paarweise in ein Stück Fleisch, das dicker und größer sein muß, als die Nadeln lang sind. Dann schleift der Jäger einen Köder umher und legt hier und da ein Stück Fleisch aus. Die Wölfe, die von dem Köder angelockt werden, finden dann die mit Nadeln gespickten Fleischstücke und schlingen sie, da sie recht klein sind, ungekaut hinunter. Sobald das Fleisch verdaut ist, schnellen die Nadeln wieder in ihre Ausgangslage zurück, legen sich überkreuz und durchlöchern die Gedärme des Wolfes, der daran zugrunde geht. Ebenso kann man auch eine Art „Angel mit Widerhaken verwenden, die in verschiedene Richtungen zeigen."

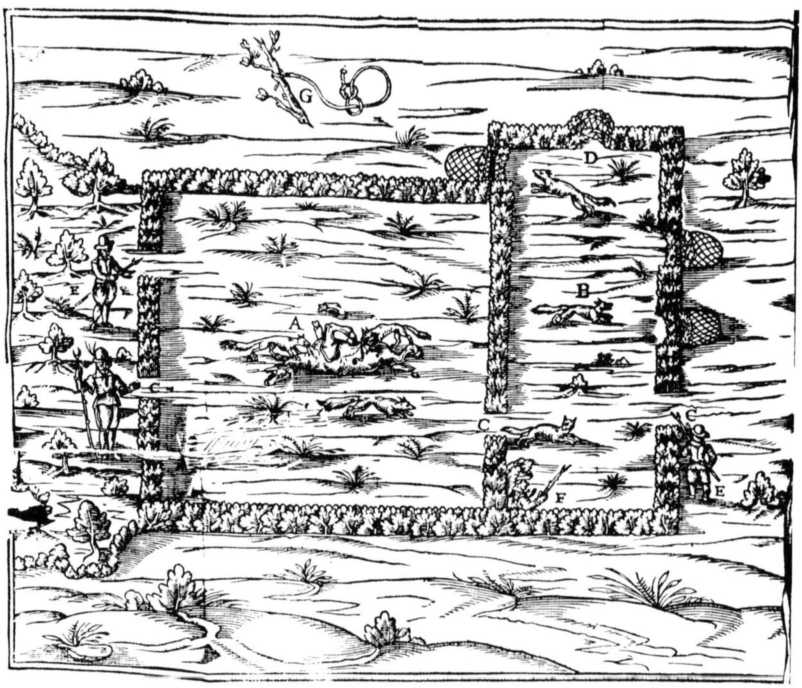

Falle mit Köder (A), Netzen (D) und Schlingen (G). Aus L. Gruau, Nouvelle invention de chasse, 1613.

Diese „Wolfsangeln“, die Edouard Mérite noch 1942 auf Dachböden fand, „waren von unterschiedlichster Größe. Manche waren riesengroß und wahre Folterinstrumente für die Tiere. Sie wurden an den unteren Ästen der Bäume befestigt und schnellten automatisch bei einer Belastung auseinander; d. h. sobald das Tier nach dem Köder schnappte, spreizten sich die vier stachelbewehrten Arme der Falle nach außen. Das Tier blieb mit weit aufgerissenem Maul daran hängen und konnte sich nicht mehr befreien.“

Die Wolfsjäger und Fallensteller des 19. Jahrhunderts benutzten vorwiegend Fangeisen (tra-

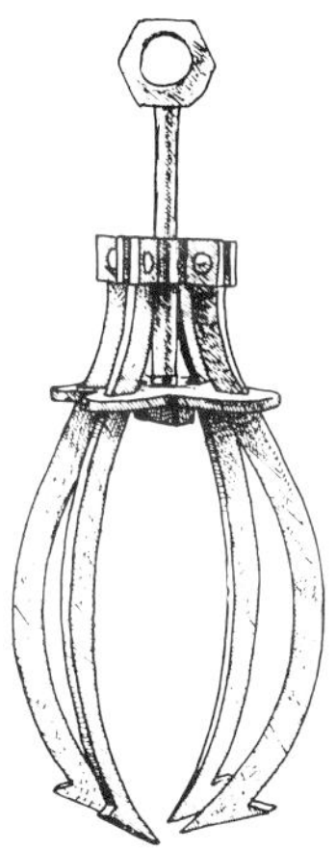

Wolfsangel.

quenards): das waren mächtige, fürchterliche Schnappfallen mit eisernen Zähnen, die blitzschnell zuklappten und die darin gefangene Pfote für immer verstümmelten. Auf den Dachböden der Bauernhäuser sind sie noch in Massen zu finden, und der Katalog der „Waffen- und Fahrradmanufaktur von Saint Etienne“ bot 1913 eine ganze Reihe verschiedener Modelle mit höchst ausgeklügelten Mechanismen an.

Beim Aufstellen eines solchen gefährlichen Eisens mußte man äußerst vorsichtig sein, nicht nur, weil man immer Gefahr lief, einen Finger zu verlieren oder sich das Handgelenk zu zermalmen, sondern auch, weil der Wolf mit Leichtigkeit diesen eisernen Gegenstand entdekken konnte, so daß man ihn mit größter Umsicht tarnen mußte. Wollte man Erfolg haben, so mußte man das Gerät sehr häufig reinigen. Man zerlegte es in seine Einzelteile und entfernte den Rost, dann wurde es mit Olivenöl eingefettet und schließlich mit einem Stück Weiden- oder Pappelholz abgerieben.

Fangeisen gab es in zwei Ausführungen: Die einen wurden durch einen zwischen den gespannten Bügeln befestigten Köder ausgelöst und zermalmten die Schnauze des ausgehungerten Tieres. Die sog. Wippfallen (traquenards á

Fangeisen, bis zum Ersten Weltkrieg in Gebrauch.

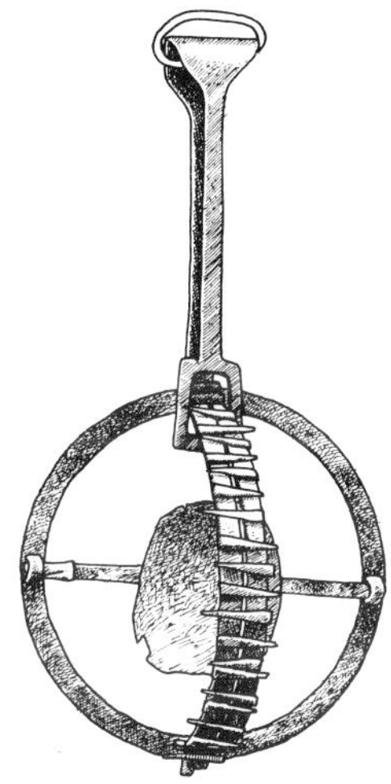

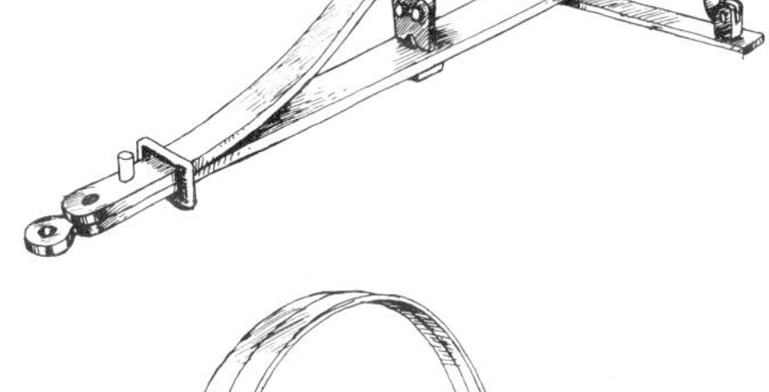

Wolf in Fangeisen. Lithographie aus dem „Journal des chasseurs", 1847.

bascule) schnappten zu, sobald das Tier mit der Pfote auf eine kleine Metallplatte trat, die zwischen den Zähnen der Falle angebracht war.

Um den Wolf umso sicherer zu fangen, versuchte man, ihn in die Nähe von Fallen zu locken, indem man ein verfaultes Aas im Umkreis der Fallen durch den Wald schleifte und eine Spur bis hin zu den grausamen Schnappinstrumenten legte; unterwegs ließ man hier und da ein Stück Fleisch fallen.

Im 18. Jahrhundert lieferte die Enzyklopädie von Diderot und d'Alembert das Rezept für einen anderen, zweifellos unfehlbaren Köder. „Es gibt einen Köder, der eine unwiderstehliche Anziehungskraft auf die Wölfe ausübt. Die Leute vom Fach betrachten ihn als ihr Berufsgeheimnis. Man muß versuchen, sich die Gebärmutter einer heißen Wölfin zu beschaffen. Diese wird im Ofen getrocknet und an einem trockenen Ort aufbewahrt. Man verteilt anschließend im Wald oder auf freiem Feld an verschiedenen Stellen Steine, um die Sand gestreut wird. Dann reibt man die eigenen Schuhsohlen, vor allem aber die aufgestellten Steine sorgfältig mit der Gebärmutter ein. Der Geruch bleibt mehrere Tage daran haften, und männliche sowie weibliche Wölfe wittern ihn von sehr weit, denn er zieht sie an und beschäftigt sie sehr stark. Sobald sie sich daran gewöhnt haben, an einem dieser Steine zu scharren, stellt man dort eine Falle auf, und dies meist mit Erfolg, sofern sie gut gespannt und getarnt ist . . ."

Schon 813 wies Karl der Große seine „luparii" an, die Wölfe mit vergiftetem Pulver zu fangen. Gaston Phébus hingegen schien im 15. Jahrhundert die Anwendung von Gift nicht zu kennen. Offensichtlich kam es erst seit der Mitte des 18. Jahrhunderts zur Anwendung. In früherer Zeit nehmen die Autoren nur andeutungsweise darauf Bezug und geben der Jagd und der Treibjagd eindeutig den Vorzug.

Gegen Ende des 18. Jahrhunderts empfiehlt Abbé Rozier in seiner „Einführung in die Landwirtschaft" folgendes Rezept: „Man nehme einen oder mehrere Hunde oder ein paar Schafe oder Ziegen und schlachte sie. Dann besorge man sich frisch geriebene Brechnuß (die bei jedem Apotheker zu haben ist) und steche mit einem Messer etwa fünfzehn oder zwanzig Löcher in das Fleisch, je nach der Größe des Tieres, z. B. am Kreuz, an den Schenkeln, den Schultern usw. In jedes dieser Löcher, die ziemlich tief sein müssen, stecke man eine halbe oder eine Viertelunze der Brechnuß so weit wie möglich hinein. Dann verschließe man das Loch mit etwas Fett, oder noch besser, man nähe den

Schnitt zu, damit die Brechnuß nicht austritt. Man binde das Tier anschließend mit Weidenruten, nicht etwa mit Kordel (an der zu lange der menschliche Geruch haften bleibt), an den Beinen zusammen. Nun lege man das so vorbereitete Tier in einen warmen Misthaufen. Es muß dort, je nach dem Hitzegrad des Misthaufens, im Winter drei Tage und drei Nächte, im Sommer vierundzwanzig Stunden liegenbleiben. Man binde eine Schnur an die Weidenrute, die die vier Beine zusammenhält, und schleife das Tier dann auf Umwegen zu einem Ort, der oft von Wölfen aufgesucht wird. Dort hänge man es an einen Ast, und zwar ziemlich hoch, damit der Wolf den Hund am Rücken packen muß. Der Wolf ist ein gefräßiges Tier. Wenn er ein Stück Fleisch abgerissen hat, so kaut er es kaum, sondern schlingt es schnell hinunter, und das Gift fängt bald an zu wirken, Man kann sicher sein, ihn am folgenden Tag tot aufzufinden; oft bleibt ihm nicht einmal genügend Zeit, seinen Bau zu erreichen . . ."

In einem Rundschreiben vom 9. Juli 1818, das den Wölfen regelrecht den Krieg erklärt, empfiehlt der französische Innenminister insbesondere die Anwendung von Gift. Er sieht darin zahlreiche Vorteile: es kann zu jeder Jahreszeit eingesetzt werden, kostet wenig, ist überall zu verwenden, und im Gegensatz zu den Treibjagden werden die Bauern, die auf den Feldern arbeiten, nicht gestört.

Allerdings ist es nicht ganz einfach, ein Tier zu vergiften, dessen Vorsicht fast noch größer ist als seine Freßgier. Da es den Menschengeruch sehr leicht wittert, erfordert die Vorbereitung des Köders viele Vorsichtsmaßregeln. Außerdem wird der Wolf nicht durch jedes Gift getötet; manche, wie z. B. Brechnuß oder Arsen, verursachen lediglich Erbrechen; andere, wie zerstoßenes Glas, erweisen sich als wenig wirksam, und ein Wolf, den man einmal verfehlt hat, ist ein zweites Mal noch schwerer zu ködern.

Mit der Brechnuß, der Frucht des Brechnußbaums, aus der das Strychnin gewonnen wird, hat man wohl die besten Ergebnisse erzielt. Im 19. Jahrhundert wurde Strychnin in vielen Gegenden angewandt, jedoch ohne durchschlagenden Erfolg. Die Landbevölkerung verhielt sich diesen neuen Methoden gegenüber sehr zurückhaltend. Obwohl die französischen Behörden das ganze Jahrhundert lang wiederholt diese Gifte empfahlen, mußten sie doch im Jahre 1882 feststellen, daß man sie nicht anwendete. Die Behauptung, daß die Wölfe durch den intensiven Gebrauch von Strychnin ausgerottet worden seien, läßt sich also kaum aufrechterhalten. Sicher war es nur eine Maßnahme unter vielen anderen, die dazu beigetragen haben, die Ausrottung der Wölfe zu beschleunigen. Man kam auch bald wieder davon ab, obwohl es zeitweilig als unfehlbares Mittel angepriesen wurde; zur Zeit des Zweiten Kaiserreichs wurde es kaum noch erwähnt. Lediglich Wildhüter, Louvetiers, Großgrundbesitzer und fortschrittlich denkende Leute griffen noch darauf zurück.

Vergiftete Köder. Aus: J. Clamorgan, Wolfsjagd, 1640.

Der Wolf im Volksglauben

Verachtung und Furcht

„Es ist an diesem Tier nichts Gutes außer seinem Fell, das man zu grobem Pelzwerk verarbeitet. Sein Fleisch ist so widerlich, daß kein anderes Tier es verzehren mag, und nur der Wolf selbst frißt gerne seinesgleichen. Sein

Holzschnitt von K. Gesner.
De quadripedibus viviparis, 1551.

Maul verströmt einen üblen Geruch. Um seinen Hunger zu stillen, macht er sich über alles her, was er findet: verwestes Fleisch, Knochen, Haare, halb gegerbte Häute, die noch mit Kalk bedeckt sind. Oft würgt er das Gefressene wider aus und entleert sich häufiger, als er etwas zu sich nimmt. Er ist in jeder Hinsicht unangenehm, von niedriger Gesinnung, wildem Aussehen, seine Stimme flößt Furcht ein, sein Geruch ist unerträglich, er ist von Natur aus verdorben, von roher Gesinnung und abscheulich, ein Schädling, solange er lebt, und nutzlos nach seinem Tode."

Beim Lesen dieser Beschreibung könnte man glauben, sie stamme von einem rachsüchtigen Holzfäller, dem in einer besonders dunklen Nacht von einer solchen „Bestie" der Hosenboden zerrissen worden sei. Aber weit gefehlt; es war Buffon selbst, den man immer noch als den Begründer der modernen Zoologie ansieht, der uns diese Ammenmärchen über den Wolf erzählt. Angesichts solcher Äußerungen aus dem Munde einer wissenschaftlichen Autorität war es umso schwerer, die Wölfe vor Fallen, Gift und den Treibjagden der Wolfsjäger in Schutz zu nehmen.

Umso erstaunlicher war es, daß man auch in Zeiten, als der Wolf besonders häufig vorkam, nichts über seine Verhaltensweisen wußte. Im 14. Jahrhundert war er so verbreitet, daß Gaston Phébus sein Kapitel über die Wolfsjagd mit folgenden Worten beginnt: „Der Wolf ist ein gar bekanntes Tier, denn fast jeder hat ihn schon einmal gesehen." Zweifellos fürchtete man sich so sehr vor ihm, daß man ihn erst, wenn er tot war, genau zu betrachten wagte.

Buffon wiederholte nur die Fabeln seiner Vorgänger. Im 13. Jahrhundert hatte Brunetto Latini in seinem „Livre du Trésor" geschrieben: „Der Wolf ist in Italien wie in vielen anderen Ländern häufig. Seine Kraft liegt in seinem Maul und im Gesicht. Er hat einen schwachen Rücken und kann seinen Kopf nicht nach hinten drehen. Und die Schäfer sagen, daß er sich einmal von Beutetieren, ein andermal von Erde und Wind ernährt."

Jahrhundertelang hält sich der Aberglaube, daß beim Wolf die Rippen in Längsrichtung verlaufen. So erklärt man sich seine fehlende Geschmeidigkeit, die es leicht macht, ihn von hinten anzugreifen. Diese Steifheit ist angeblich eine Strafe Gottes.

In Litauen erzählt man, Gott habe den Wolf so heftig mit seinem Gürtel geschlagen, daß er ihm das Rückgrat in der Mitte gebrochen habe. In einem bretonischen Märchen hat der Wolf

Aus dem Bestiaire d'amour
von Richard de Fournival, 13. Jh.

den Auftrag, die Schafherde der Jungfrau Maria zu hüten; da er sich nicht beherrschen kann und ein Schaf auffrißt, bricht ihm die Jungfrau mit ihrem Spinnrocken den Rücken. Die gleiche Erklärung findet sich in den slawischen Ländern, wo der Wolf als erster Schafhirte der Schöpfungsgeschichte auftritt; Gott hat ihm mit einem Hirtenstab auf den Rücken geschlagen. Dieser körperliche Mangel, so sagt Pierre de Beauvais um 1230, „ist das Symbol des Teufels selbst, der einst ein Engel im Himmel war und nun, da er gefallen ist, das Böse verkörpert. Die Tatsache, daß der Wolf seinen Hals nicht wenden kann, ohne den ganzen Körper mitzudrehen, zeigt an, daß der Teufel sich nicht zum Guten hinwenden kann." Wie so oft wurden dem Wolf menschliche Eigenschaften zugeschrieben. In seinem „Bestiaire d'amour" aus dem 13. Jahrhundert vergleicht Richard de Fournival die weibliche Psyche mit dem Verhalten der Wölfe, wobei er recht sonderbare Analogien herstellt: „Die folgenden drei Eigenschaften des Wolfes finden sich auch im Wesen der Frau wieder: der Wolf hat einen so steifen Hals, daß er ihn nicht wenden kann und den ganzen Körper mitbewegen muß; zweitens ergreift er niemals seine Beute in der Nähe seines Baues; drittens bewegt er sich, so leise er kann, wenn er in einen Schafstall eindringt, und wenn er einmal versehentlich auf einen Zweig tritt und dabei ein Geräusch macht, bestraft er sich selbst, indem er sich heftig in den Fuß beißt. Ebenso kann auch die Frau sich niemals ganz hingeben, und sie gleicht darin der ersten Eigenschaft des Wolfes; zweitens, wenn sie einen Mann liebt, der fern von ihr ist, so ist die Liebe übermächtig, wenn er aber bei ihr ist, so gibt sie sich den Anschein, als liege ihr nichts an ihm; zum dritten schließlich, wenn sie die Liebe, die sie empfindet, zu sehr gezeigt hat, so straft sie sich dafür, daß sie zu weit gegangen ist, und schlägt einen strengen Ton an."

Ein Jahrhundert später beschreibt Gaston Phébus das Verhalten der Wölfin in einem herrlichen Text, der zwar auch seine Unkenntnis belegt, aber keine Verachtung mehr enthält: „Sie gehen in ihrer Liebe im Februar zu den Wölfinnen und benehmen sich wie die Hunde; und sie sind in großer Hitze elf oder zwölf Tage lang. Und wenn die Wölfin heiß ist und Wölfe in der Gegend sind, laufen sie ihr alle nach, wie Hunde hinter einer läufigen Hündin, aber nur einer von ihnen wird sie decken.

Sie richtet es so ein, daß sie die Wölfe sechs oder acht Tage lang hinter sich herlockt, ohne ihnen Zeit zum Fressen, Trinken oder Schlafen zu lassen, denn sie haben solche Sehnsucht nach ihr, daß es sie nicht kümmert, ob sie fressen oder schlafen können. Und wenn sie richtig müde und abgehetzt sind, gibt sie ihnen Zeit zu ruhen und wartet, bis sie eingeschlafen sind; dann scharrt sie mit der Pfote und weckt denjenigen, von dem sie glaubt, daß er sie am meisten liebt und am meisten um ihretwillen gelitten hat; deshalb sagt man auch, wenn eine Frau sich schlecht benimmt, daß sie einer Wölfin gleicht, denn sie gibt dem häßlichsten und übelsten Mann den Vorzug. Und in der Tat gibt sich die Wölfin dem häßlichsten und schlimmsten Wolf hin; denn da er am längsten gefastet hat und stärker ermattet ist, so ist er auch armseliger, magerer und trauriger als alle anderen, und daher kommt diese Redensart. Manche sagen, daß ein Wolf niemals seinen Vater gesehen hat, und dies ist zuweilen wahr, aber nicht immer, denn wenn die Wölfin ihren Auserwählten wegführt, kommt es vor, daß die anderen aufwachen und ihre Spur aufnehmen. Wenn sie den Wolf und die Wölfin zusammen antreffen, so stürzen sich alle anderen auf den Wolf und töten ihn. Deshalb sagt man, daß ein Wolf niemals seinen Vater gesehen hat, und in diesem Falle ist es die Wahrheit..."

Man erzählte auch, daß eine Wölfin im gleichen Wurf mit ihren Wolfsjungen einen Hund zur Welt gebracht habe. Nach einigen Wochen, als sie am Johannistag ihre Nachkommenschaft zur Tränke führte, wußte sie Bescheid. Nur der Hund trank das Wasser aus dem Bach, indem er es aufleckte; er wurde auf der Stelle umgebracht. Das Thema des Wolfshundes, der von seiner Mutter und seinen Geschwistern getötet wird, taucht häufig in den Volkserzählungen der Bretagne, der Normandie, in Lothringen und in Wallonien auf.

Zu gewissen Zeiten, so glaubt man, kann der Wolf kein Unheil anrichten. Im Berry heißt es, der Wolf sei neun Tage ‚offen' (badé) und neun Tage ‚zu', d. h. während neun Tagen ist sein Gebiß frei beweglich, und er frißt alles, was ihm in die Quere kommt; an den darauffolgenden neun Tagen jedoch bringt er die Zähne nicht auseinander und ist zum Fasten verdammt.

In einigen Dörfern dieser Provinz sagen die Schäferinnen auch, „der Wolf lebe neun Tage lang nur von Wasser, und er könne nur an den folgenden achtzehn Tagen gefährlich werden, an denen er sich von Fleisch und Blut ernähre“.

Dieser Glaube findet sich mehr oder weniger in ähnlicher Form in allen Provinzen Frankreichs: in der Vendée sagt man dem Wolf nach, „er lebe neun Tage von Fleisch, neun Tage von Erde und habe neun Tage ein versperrtes Gebiß“. Wenn die Wölfe bei Nordwind das Maul öffnen, so bleibt es vierzig Tage lang gesperrt und unbeweglich, so daß sie nichts fressen können; dann gehen sie in die Wiesen und lecken den Schlamm auf, um ihren Hunger zu stillen.

Der Wolf, ansonsten ein Tier des Satans, war also vor allem in seinen Ernährungsgewohnheiten dem strengen Rhythmus der Naturgesetze unterworfen. Diesen Perioden lag die Zahl drei zugrunde, die sich auch im Mondkalender wiederfindet und das menschliche Leben beherrscht (die drei Lebensalter). Der steife Nacken, der ihm bestimmte Bewegungen und Verhaltensweisen unmöglich machte, war Ausdruck des gleichen Prinzips. In ihrer Verleugnung des tatsächlichen Körperbaus hatten solchen Behaup-

Aus dem „Jagdbuch“ von Gaston Phébus, 15. Jh.

tungen die Funktion von Schutzmaßnahmen gegen den Wolf.

Auch über den Ursprung des Wolfs gibt es viele Überlieferungen. In manchen Gegenden heißt es, als Gott den Hund erschaffen habe, sei der Teufel gekommen und habe den Wolf erschaffen, um ein Gleichgewicht zwischen Gut und Böse herzustellen. Der Wolf ist also der böse Gegenspieler der göttlichen Kreatur. In anderen Gegenden soll der Wolf lange nach den übrigen Tieren von Gott geschaffen worden sein. Sébillot erzählt, im Morbihan sage man: „Als Gott gesehen habe, daß die Schäfer ihre Schafe nicht mehr hüteten, so daß diese das Korn auffraßen, habe er mit dem Fuß auf einen Erdklumpen aufgestampft, und ein Wolf sei daraus entsprungen."

Der Löwe von Burgund greift den Wolf von Orléans an. Aus einer Handschrift des 14. Jhs., Museum Condé, Chantilly.

Tradition, Aberglaube und Brauchtum

Riten, Volksbräuche, Erzählungen, magische Formeln, Märchen und Sprichwörter sind Ausdruck einer mit Ehrfurcht gemischten Angst, die das einzige gefährliche Raubtier Europas jahrhundertelang verbreitete. Eine Angst, die oft in Erzählungen gebannt wird, in denen der grausame Wolf selbst die Rolle des Angsthasen spielt und sich von einem Schwächeren ins Bockshorn jagen läßt.

Im 13. Jahrhundert glaubt Pierre de Beauvais, „daß der Wolf den Teufel verkörpert, denn jener empfindet einen ständigen Haß auf die Menschheit, und er schleicht sich ein in die Gedanken der Gläubigen, um ihre Seelen zu verderben... Die Augen des Wolfs, die in der Nacht leuchten, sind das Werk des Teufels; für Menschen, die keinen Verstand haben, sind sie schön und angenehm, ebenso wie denen, die für die Augen ihres Freundes blind sind."

„Wenn man den Wolf nennt, so kommt er gleich gerennt". In diesem Sprichwort kommt eine unerschütterliche Überzeugung zum Ausdruck: wenn man, besonders zu bestimmten Zeiten, vom Wolf spricht, so taucht er unweigerlich auf. In vielen Gegenden durfte man daher seinen Namen nicht erwähnen, vor allem nicht in der Zeit zwischen Weihnachten und dem Dreikönigstag. In Rumänien glaubt man, daß ein Unglück geschehe, wenn man den Namen des Wolfs am Heiligen Abend ausspreche: der Räuber werde sich dann auf die Herde stürzen und den Tieren das Blut aussaugen . . . Dracula ist nicht fern! Aber die Verbote gehen noch weiter: im Mecklenburgischen darf der Schafstall in diesen zwölf Tagen weder ausgemistet noch gefegt werden, weil sonst der unerwünschte Gast erscheinen wird.

Auch bei den Fischern ist der Name des Wolfs tabu. In Livland, der alten baltischen Provinz Rußlands, gerät die Meerfrau, die in den Tiefen der See haust, in Zorn, sobald ein Fischer den Wolf beim Namen nennt: Sie zerreißt dann die Netze und macht den Fang zunichte. Das gleiche Verbot gilt auch an der bretonischen Küste; vielleicht handelt es sich hier jedoch um eine Anspielung auf den ‚Lupus piscator' (Fischer-Wolf) der russischen und westeuropäischen Tradition? Nach Aristoteles

Holzschnitt aus „Die reißenden Wölfe" von R. Gobin, 1510.

Holzschnitt aus dem Ulmer „Aesop" (Joh. Zainer, um 1476)

hilft er (wie die Delphine vor der mauretanischen Küste) den Fischern dabei, einen guten Fang zu machen. Man darf nicht vergessen, sich ihm erkenntlich zu zeigen, sonst könnte er die Netze zerreißen.

Sébillot erzählt, daß „bei den Fischern der keltischen Länder der Glaube herrscht, es bringe Unglück, wenn man den Namen bestimmter Tiere ausspreche, denn der Fisch beiße dann nicht an. In der Gegend von Audierne fürchtete man sich so sehr vor dem Wolf, daß die alten Seebären, sobald sein Name fiel, die Anker lichteten und an Land zurückkehrten; noch heutzutage (Ende des 19. Jahrhunderts) nimmt der Schiffspatron den ersten besten Fisch, der gerade zur Hand ist, und wirft ihn ins Wasser, um das Unheil zu bannen, wobei er folgende Worte spricht: Hier, Ki-coat (Hund der Wälder), da hast du deinen Anteil!"

Wenn man einem Wolf begegnet, so ist dies immer ein Vorzeichen. Ob er etwas Gutes oder Schlechtes zu bedeuten hat, ist je nach Gegend verschieden. Bei Eymoutiers in der Gegend Limoges heißt es: „Wenn man zum Markt geht und dabei einem Wolf begegnet, so wird es ein guter Markttag werden." In der Haute-Vienne sagt man auch, daß ein vom Wolf geraubtes Schaf Glück bringt, und in den Vogesen glaubt man, es sei ein gutes Zeichen, wenn man frühmorgens einem Wolf begegnet. Am besten ist es, wenn man ihn auf dem Weg zur Messe trifft; er läßt dann seine Beute fallen und bleibt wie vom Donner gerührt stehen. Im 17. Jahrhundert besagte ein Sprichwort: *Siehst du einen Wolf entfleuchen, so ist das ein gutes Zeichen.*

Ungarische Postkarte von A. Kremer, um 1920.

Andererseits gilt im Limousin auch, daß man seine Kleider verbrennen oder auskochen muß, wenn man einem Wolf zu nahe gekommen ist, damit die unheilbringenden Kräfte gebannt werden. Der Wolf, der eines Morgens im Jahre 988 in Orléans in eine Kirche eindrang, um die Sturmglocke zu läuten, war ein sicheres Zeichen für die bevorstehende Zerstörung der Stadt durch eine Feuersbrunst im darauffolgenden Jahr. Wenn man vom Wolf träumt, so bedeutet es Verrat oder Diebstahl; tötet man ihn aber, so ist das schlechte Vorzeichen außer Kraft gesetzt.

Viele Sprichwörter und Redensarten stehen in enger Beziehung zum Kalender und enthalten manchmal auch Aussagen über das Wetter.

Es ist besser, wenn man an Weihnachten einen Wolf sieht, als einen Bauern, der sein Feld pflügt. – Lieber einen Wolf in Weiß, als die Reben zu schneiden, wenn's heiß. – Ein Wolf in der Herde ist besser als ein zu schöner Februar. – Wenn auf Lichtmeß die Sonne ins Kirchenfenster scheint, vergräbt sich der Wolf für sechs Monate in seinem Bau. (Templeuve, Département Nord) – Die Zeiten sind schlecht, wenn ein Wolf den anderen auffrißt. – Nebel oder ein Wolf am Johannistag schadet den Früchten des Feldes. – Wölfe im Schnee ziehen andere Wölfe an.

Fast überall heißt es, wenn man die Wölfe im Januar heulen hört, daß der Winter kalt bleiben wird. Wenn bei den alten Griechen ein Wolf um Haus und Schafstall herumschlich, so bedeutete dies, daß schlechtes Wetter oder ein Gewitter im Anzug war. Wenn es in Deutschland an Weihnachten ein Gewitter gibt, so wird der Wolf die ganze Erbsenernte auffressen. An Maria Lichtmeß achtet der Wolf genau auf den Himmel: wenn der Tag wolkenlos und sonnig ist, so kommt er für vierzig Tage und sechs

Wochen nicht mehr aus seinem Bau; wenn die Sonne nur am Vormittag scheint, so verkriecht er sich vierzehn Tage lang in seiner Höhle.

Wenn der Wolf an Weihnachten dem Schafstall einen Besuch abstattet, um sich sein Opfer auszusuchen, dann wird das Wetter schön. Wenn aber ein Lamm zuerst aus dem Stall nach draußen schaut, gibt es ein schlechtes Jahr.

Der Wolf setzt hier also Zeichen für den günstigen Ablauf der verschiedenen Jahreszeiten: wenn zu Jahresanfang allzu milde Witterung herrscht, so befürchten die Bauern, daß in den nächsten Monaten das Wetter launisch sein wird.

Der Wolf ist eine zwiespältige Symbolfigur, die sowohl Gutes als auch Böses bedeuten kann; er steht für Sonne und Mond, Licht und Schatten, Himmel und Hölle, Raub und Rückerstattung. Er ist Schöpfer wie Zerstörer der Welten und Zeiten, er schenkt den Menschen Leben und Tod, er ist Wegbereiter und Kinderfresser, ein reißendes Tier und ein edler Ritter.

Der Adel scheute sich nicht, ihn zum Wappentier zu machen; in Frankreich gibt es mehr als 1 200 Familien, die einen Wolf in ihrem Wappen führen.

Um den Wolf fernzuhalten, gab es eine Unzahl von abergläubischen und rituellen Handlungen, Bräuchen und magischen Objekten, die von Land zu Land verschieden waren und in der traditionellen Kultur des Volkes wurzelten.

In manchen Gegenden wurde ein Zahn, eine Wolfspfote oder ein Rosenkranz an der Stalltür angebracht; woanders band man dem Leithammel der Herde eine Knoblauchknolle um den Hals. Dieser Brauch weist auf den teuflischen Charakter des Wolfs im Volksglauben hin: man versucht ihn mit demselben Mittel zu vertreiben, wie den Teufel oder Vampire, die ebenfalls Knoblauch nicht ausstehen können. Sein Kadaver wurde neben der Haustüre oder an einem Baum am Waldrand aufgehängt. Noch heute gibt es viele Flurnamen, die auf diesen Brauch zurückgehen: „Wolfsbaum“, „Wolfskastanie“, „Wolfseiche“, „Wolfsulme“ ... Einige von ihnen wurden sogar berühmt, wie die „Wolfseiche“ im Wald von Romare (Seine-Maritime)

In Westeuropa war das rituelle Hängen des Wolfs ein häufig geübter Jagdbrauch. In der Kultur der Kelten und Germanen stand er in Zusammenhang mit dem Kult bestimmter Kriegsgottheiten.

In der skandinavischen Literatur hat der Wolf eine enge Beziehung zum Galgen, die manchmal in der Metapher vom ‚Wolfsbaum‘ zum Ausdruck kommt (wie z. B. im Hamdismal). Oft wurde das Tier in der Astgabel eines Baumes aufgehängt, der an einem häufig begangenen Kreuzweg im Wald stand.

Gebete, Bittsprüche und Anrufungen verschiedenster Art waren vor allem bei den Schäfern in Gebrauch; in ihnen verbanden sich die letzten Überbleibsel der heidnischen Kultur mit

Wolfsdarstellungen auf Wappen (Pierre Palliot, 1660).

rechtgläubiger Frömmigkeit zu einer eigenartigen Mischung. Einige Beispiele wurden bereits im Kapitel „Wolf und Schäfer“ angeführt.

Manchmal brachte man dem Wolf regelrechte Opfer dar, um ihn günstig zu stimmen, und zwar in der gleichen Weise, wie man den antiken Göttern opferte. Wenn beispielsweise im Metzer Land ein Schwein geschlachtet wurde, so pökelte und räucherte man das Schulterstück und hob es für den Dreikönigstag oder bis Ostern, vor allem aber für den ‚Fetten Donnerstag‘ (Mardi gras) auf. An diesem Tag mußte der jüngste Sohn nach dem Essen auf das Dach des Hauses steigen, ein Stück der wertvollen Schweineschulter weit wegwerfen und dabei folgenden Spruch sagen: „He, Wolf, da, nimm, Wolf! Hier ist deine Schweineschulter, bis Ostern bekommst du keine mehr. Weizen Gerste und Hafer sollen soviel Frucht ansetzen, wie mein Bauch voll ist. Da, Wolf, hier hast du dein Schulterstück!“ Woanders warf man ein Stück Fleisch in die Richtung, wo der Wald lag, oder man gab dem größten Trunkenbold den Auftrag, dem Wolf am Dorfausgang einen Knochen hinzuwerfen.

„Wolfsziegel“ auf einem Bauernhaus im Zentralmassiv (Frankreich).

In Poitou wurde ihm sein Opfer auf Umwegen dargebracht; am Karnevalstag bekam die Elster einen Pfannkuchen, und zwar hängte man ihn oben in einem großen Baum auf und band Sträuße von Heidekraut und Lorbeer dazu. Man hoffte, der Vogel werde sich dafür erkenntlich zeigen, indem er die Dorfbewohner rechtzeitig warnte, sobald der Wolf seine Nase aus dem Wald hervorstreckte.

Der gehenkte Wolf. Stich von Marcus Gerards, Amsterdam, 1682.

Über das ganze Land verstreut gibt es Brunnen und einsam gelegene Quellen, die den Namen „Wolfsbrunnen" tragen. Auch sie hatten oft eine beschützende Wirkung, die manchmal noch unterstützt wurde durch den Namen eines Heiligen, der im Grunde überflüssig war; aber zur größeren Ehre der Religion zog er die magischen, übernatürlichen Kräfte dieser Plätze auf sich und machte sie durch seinen Einfluß zu wundertätigen Orten.

Eine der bekanntesten Quellen in Nordfrankreich ist Saint-Leu in Bellebrune. Früher war sie das Ziel einer großen Wallfahrt, bei der der Heilige Leu (Wolf) um Hilfe gegen die Wölfe angerufen wurde. Sie geht auf folgende Legende zurück: Ein Hirte, der sich für den Tod eines Zickleins rächen wollte, kam zu dieser Quelle, als die Wölfe dort gerade ihre Versammlung abhielten. Nach langen Debatten schlossen die Wölfe Frieden mit ihm, nur ein großer schwarzer Wolf weigerte sich und stürzte sich auf den Schäfer. Nach einem erbitterten Kampf blieb der Schäfer Sieger, zog dem Wolf das Fell über die Ohren und warf sein Herz in den Brunnen. Seit dieser Zeit ließ sich in Bellebrune kein einziger Wolf mehr blicken, und die Quelle, die vom Blut des großen Wolfs eine rötliche Farbe bekommen hatte, wurde zu einer Mineralquelle.

Es gibt auch sagenumwobene „Wolfsweiher", wie der von Montigny-aux-Amognes in der Nièvre; dort sah ein Wanderer zwei angeschirrte Wölfe vorbeiziehen, gefolgt von zwei brennenden Kerzen. Auch die Kutsche, die von den Wölfen gezogen wurde, war noch lange zu hören, blieb aber völlig unsichtbar. Diese Legende erinnert an Geschichten von sagenhaften Kutschen, die auf geheimnisvolle Weise in einem Brunnen oder Teich verschwinden; der Wolf spielt dabei die Rolle des Fuhrmanns zur Hölle.

Andere dem Sankt Loup geweihte Quellen haben eine wunderbare Heilkraft, wie z. B. die Quelle von Tigeaux; um die Jahrhundertwende kamen dorthin viele Mütter, um Bänder an ein Kreuz zu heften und mit Bändern umwickelte Flaschen mit Wasser für ihre schwächlichen Kinder mitzunehmen.

Wenn man einen Wolf erlegt hatte, so wußte man meist nicht, was man mit ihm anfangen sollte. Sein Fleisch war nicht sehr appetitlich, und man konnte es nicht wie anderes Wildbret verzehren; sogar die Hunde weigerten sich, es zu fressen, sofern es nicht vorher abgekocht und besonders zubereitet wurde, um den Eigengeschmack zu verdecken. Zauberer, Magier und Heiler hatten jedoch Verwendung dafür: Zähne, Herz, Leber, Gedärme, Knochen, Fett, Losung und Fell, alles konnten sie gebrauchen, zum einen als Zutaten für Heilmittel, zum anderen als Hilfsmittel für magische Zwecke oder sogar zur Zauberei.

Dennoch war der Wolf ein beliebtes Gericht, das im alten Rom sogar bei Banketten aufgetragen wurde, und bei den Griechen soll sein Fleisch wegen seiner Zauberkraft geschätzt worden sein. Vor nicht allzu langer Zeit versicherten alte Piqueure, daß ein junger Wolf, „eingelegt in heißem Essig, sehr wohlschmekkend sei, besonders mit einer scharfen Sauce". Noch im Jahre 1838 hieß es im ‚Journal des chasseurs' über eine Treibjagd: „die Treiber von Nançois-le-Petit haben das Fleisch eines riesigen Wolfs von mehr als vierzig Kilo Gewicht unter sich aufgeteilt und gegessen."

Wenn man Wolfsfleisch gegessen hatte, so war man angeblich gegen Angriffe nächtlicher Dämonen gefeit; im alten Rom sollte es auch Gebärende vor dem bösen Blick schützen. Zu Pulver zerstampft und gesalzen half es gegen die Epilepsie; in Öl gesotten wurde es zur Behandlung der Gicht angewandt; wenn man die Brust mit getrocknetem Wolfsfleisch einrieb, so half es gegen die Pest und Kropfleiden. Bei Pferden und anderen Haustieren benutzte man es auch als Zäpfchen, um Koliken zu kurieren. Gemahlene Wolfsknochen waren gut gegen Rückenschmerzen und Seitenstechen. Auch bei Knochenbrüchen und triefenden Augen wurden sie als Heilmittel verwendet. In Salbenform verhinderten sie das Steifwerden der Sehnen.

Die Zähne wurden vor allem zu magischen Zwecken benutzt. In vielen Gräbern der Vorzeit fand man Halsketten oder sonstige Schmuckgegenstände aus durchbohrten Wolfszähnen, die von den Forschern als Jagdtrophäen gedeutet wurden. Neugeborenen Kindern hängte man einen Wolfszahn um den Hals, der ihnen Glück bringen und sie vor dem bösen Blick bewahren sollten. In Griechenland wurde der Zahn in das Häubchen des Kindes eingenäht, in Irland faßte man ihn in Gold oder Silber.

Ein solches Amulett schützte vor Zauberern und Dämonen, es verhinderte, daß man Prozesse verlor, und man war damit auch gegen Angriffe von Wölfen gefeit. Band man es einem Pferd ans Bein, so wurde es nicht müde. Wenn man ein Blatt Lorbeer oder Heliotrop darum wickelte, das im Zeichen des Löwen gepflückt worden war, so konnte man einen Dieb im Traum erkennen und hatte Glück in der Liebe.

Wenn man das Zahnfleisch eines Säuglings mit einem Wolfszahn abrieb, so hörte er auf zu sabbern. Als „Wolfszahn" bezeichnete man auch eine Rassel oder ein Stück Kristallglas mit silbernen Anhängern, das man den Kindern beim Zahnen gab. Zu Pulver zermahlen wirkte der Wolfszahn auch gegen Schwindel und nächtliches Aufschrecken.

Der Biß eines Wolfes schützte vor Zauberei, und wenn man einen Tumor, ein Geschwulst oder eine Warze kurieren wollte, mußte man sich von einer Person beißen lassen, die selbst von einem Wolf gebissen worden war.

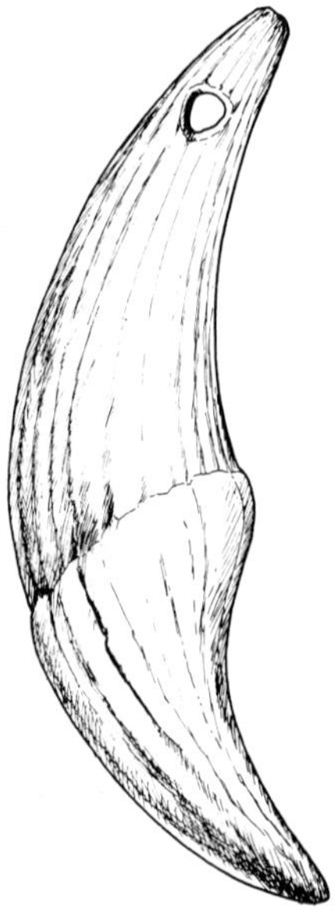

Wolfszahn.

Eine Wolfszunge, als Amulett getragen, sorgte für Glück beim Spiel und bewahrte vor Verleumdung. Wenn man sie in Waschlauge oder Bohnenwasser gekocht oder als Pulver mit Mehl und Honig vermischt zu sich nahm, konnte man nicht vom Wolf gefressen werden. Das Pulver war auch ein ausgezeichnetes Mittel gegen die Fallsucht.

Das Auge des Wolfs verlieh den Kindern Mut und Kühnheit, machte unsichtbar, beschützte vor Zauberei und half gegen Schlangen, Löwen und Diebe, die seinen Blick nicht ertragen können. Getrocknet am Hals getragen bewahrte es auch vor der Fallsucht.

Wenn man einem Kind vom zartesten Alter an seine Nahrung durch den Schlund eines Wolfs einflößte, so bekam es einen Wolfshunger und wurde stark und tapfer... aber seine Glieder wurden steif; wenn es aber Halsschmerzen oder die Blattern hatte, so muß man ihm damit zu trinken geben; dies war noch im 18. Jahrhundert eine Art Allheilmittel. In Pommern säte man die Hirse damit aus, damit sie besser wachsen solle, und wenn man den Schlund eines Wolfes unter der Kirchentreppe vergrub, so jagte man die Hexen damit zum Kirchturm hinaus. Man brachte ihn auch am Flugloch von Bienenkörben an, so daß die Bienen beim Ausfliegen hindurch mußten; das machte den Honig kräftiger, und man sagte, die Bienen würden davon sammelfreudiger (voleuses), in Anspielung auf den Wolf, der ebenfalls „voleur", d. h. ein Dieb sei.

Der bei der Zubereitung von Heilmitteln am meisten verwendete Teil des Räubers war die Leber. Im 17. Jahrhundert schrieben Diderot und d'Alembert in ihrer Enzyklopädie: „Bauern und Jäger, die einen Wolf erlegt haben, bewahren stets seine Leber auf, um sie im Backofen zu dörren oder sie einem Apotheker zu verkaufen. Diese Droge findet sich häufig in den Läden der Apotheker; man schätzt sie als Mittel gegen Erkrankungen der Leber, vor allem aber gegen die Wassersucht, die ja von einem Leberleiden herrührt. Man gibt sie als Pulver, und die Dosis beträgt ein Gros; das Mittel hat sich jedoch kaum bewährt."

Wolfsleber war auch ein Bestandteil vieler Zaubertränke, mit denen man Menschen verhexen konnte. Im Hennegau sagt man, daß Diebe den Wachhunden ein Stück Wolfsleber zu fressen geben, damit sie nicht anschlagen.

Getrocknetes Blut oder Leber, die man auf einem Viehmarkt ausstreute, versetzten die Tiere in panischen Schrecken. Manchmal war der Unruhestifter auch ein Wahrsager, der die Wolfsleber in seiner Pfeife rauchte. Noch im Jahre 1978 hatten wir das Glück, einen

Gewährsmann zu finden, der sich an solche Dinge erinnern konnte: einen 68-jährigen Mann aus Argenton-sur-Creuse (Département Indre). *„Es gibt da eine Geschichte, die mein Großvater damals erzählte, und zwar die von der Wolfsleber.... Wissen sie, damals zogen die Zigeuner von Markt zu Markt.... Zu diesen Zeiten wurden immer zwei- bis dreihundert Stück Vieh zum Markt getrieben.... Die Zigeuner hatten getrocknete Wolfsleber dabei, so ein richtiges Pulver. Wenn sie den Marktplatz leerfegen wollten, wissen sie, was sie dann gemacht haben? Sie haben einfach das Leberpulver ausgestreut... Kein Stück Vieh war mehr auf dem Marktplatz, alles stob auseinander wie der Blitz.... Das hat mein Großvater selbst miterlebt auf dem Markt von Neuvy-Saint-Sepulchre.... Er hielt seinen Bruder an der Hand und konnte sich gerade noch hinter einen Kastanienbaum flüchten. Die Tiere stürmen pfeilschnell vorbei.... So etwas passierte zwei-, dreimal im Jahr in unserem Département.... Und man sagte immer, und es war bestimmt so, daß nur die getrocknete und gemahlene Leber daran schuld sei, die jemand auf dem Platz ausgestreut hatte. Damit konnte man sämtliche Tiere in die Flucht schlagen. Es war wirklich kriminell ...“*

Ein Heiler konnte mit Wolfsleber alle möglichen Krankheiten kurieren: Tollwut- und Tobsuchtsanfälle, Wassersucht und Herzjagen, Syphilis und andere Geschlechstkrankheiten, Leberentzündungen, Brand, Schwindelanfälle, Kopfschmerzen und Warzen wurden damit behandelt. Geröstet, zu Pulver zerstampft und in Wasser aufgelöst wurde sie gegen giftige Bisse oder Stiche, bösartige Geschwulste und schwärende Wunden eingenommen. Wenn man das Herz eines Wolfs aß, so wurde man mutig, aber auch streitsüchtig. An der Sonne getrocknet und mit Wein gemischt half es gegen schmerzende Füße und Gicht.

Wollte man ein unfehlbares Mittel gegen die Fallsucht, so mußte man einem Wolf das Herz bei lebendigem Leibe ausreißen, es mit den Herzen von drei Raben vermischen, das Ganze zu einem Pulver zerstampfen und getrocknete Schlüsselblumen dazugeben.

Ein Stückchen Innereien, als Amulett getragen, bewahrte vor Koliken. Ein Absud von Fledermäusen, aus den Därmen eines Wolfs getrunken, heilte die Ruhr.

Der gebratene Penis eines Wolfs war ein hochwirksames Aphrodisiakum. Man trug ihn auch als Amulett, wenn man fürchtete, impotent zu werden. Man konnte aber damit auch einen Rivalen ausschalten: in diesem Fall mußte man zu seiner Haustür gehen, ihn beim Namen rufen, und sobald er antwortete, einen weißen Faden um die Rute des Wolfs verknoten – das nannte man „nouer l'aiguillette“ (jemandem den Schnürsenkel zubinden). Wenn man verhindern wollte, daß ein Schürzenjäger den Frauen nachlief, so mußte man ihm den Penis eines Wolfs unter den seinigen legen, was sicherlich nicht ganz einfach war.

Die Milch einer Wölfin machte stark und unverwundbar. Wenn man einige Tropfen auf den Hals einer schlafenden Frau fallen ließ und ihr die Hoden eines Fuchses aufs Herz legte, konnte man sichergehen, daß sie alles ausplaudern würde, was sie wußte.

Um von anderen Menschen geschätzt und respektiert zu werden, trug man ein zusammengerolltes Stückchen Pergament bei sich, auf das bestimmte Buchstaben mit Wolfsblut geschrie-

Kind auf einem Wolfsbalg. Stich aus „La chasse illustrée“, um 1860.

ben waren. Das Blut war auch Bestandteil von Salben gegen die Gicht. Es half gegen Schmerzen an der Gebärmutter, das Reißen in den Gedärmen, gegen Gallensteine und Taubheit.

Bei den Römern wurde Wolfsfett zu vielerlei magischen Zwecken verwendet: es besaß vor allem die Eigenschaft, Wiedergänger und Gespenster zu vertreiben. Zauberer, Wolfsmen-

Gerittener Wolf. Aus: Ulricus Molitors „De Laniis et phitonicis mulieribus", Kolmar, 1489.

Sigismūdus Utrum sup baculū vnctum vel lupum equitā
do ad ↄuiuia proficiscant.ibiqȝ mutuo se cognoscāt ꝛ letēur. Et
vtrum dyabolus possit eas deferre de loco ad locum. in quo siml'
ↄgregent et sua conuiuia preparent

Ulricus. Audienda est tua questio colende princeps. Sigis
mundus. Nouim' ꝙ dyabolus spūs est incorpalis qui nō habet
manus neqȝ pedes neqȝ alas. qui etiā non ↄmensurat' loco. quō
igit' hoiem qui corporeus est protare pt. Cōradus. Forte spūs
ingrediuntur aliqua corpora ꝛ assumunt sibi talia ad opus illud
quod facere volunt apta; atqȝ tunc in illis corporibus efficiunt

schen und sog. „Wolfsbändiger“ (vgl. Seite 104), benutzten es auch dazu, sich in Wölfe zu verwandeln, oder als Mittel, sich mit den Wölfen auf guten Fuß zu stellen.

Der Kot half gegen Koliken. Man mußte sich nur etwas davon um den Hals hängen. Dabei war jedoch zu beachten, daß er nur wirkte, wenn die Schnur aus der Wolle eines Schafes gedreht war, das derselbe Wolf gerissen hatte: Einen ‚Stein‘, den man in der Losung des Wolfes gefunden hatte, mußte man mit einem roten Wollfaden umwickeln, der von einem Schaf stammte, das gefressen worden war, damit er gegen Bauchschmerzen half. Wenn man Wolfskot mit Wasser anrührte und damit die Schafe bestrich, so waren sie vor den Zähnen des Räubers sicher.

Der Kopf wurde oft als Jagdtrophäe zur Schau gestellt, aber er hatte auch eine abschrekkende Wirkung auf andere Wölfe. Vor allem sollte er jegliches Unheil abwenden: wenn man einen Wolfskopf mit offenem Maul über der Haustür aufhängte, so war man vor bösen Geistern, Hexen, Dieben und wilden Tieren sicher. Er schützte insbesondere vor dem bösen Blick und vor dem Verhextwerden. Legte man den Kopf auf den eines Wolfes, so wurde man tapfer und mutig.

Das daraus hergestellte Pulver half auch gegen Zahnweh und Schmerzen in den Armen; und sogar einen Wahnsinnigen konnte man kurieren, indem man ihm ein Stück vom Kopf eines jungen Wolfs auf sein Gesicht legte.

Eine Wolfspfote schützte vor dem bösen Blick und bewahrte Wohnhäuser und Schafställe vor bösen Geistern. Die Volksmedizin empfahl den rechten Fuß gegen entzündete Brustwarzen und gegen Beulen bei den Ferkeln.

Der Schwanz war ebenfalls ein Mittel gegen Zauberei und den bösen Blick; außerdem schützte er den Taubenschlag vor Mardern. Vergrub man ihn im Hof, so war das Anwesen vor allem Unheil sicher. Wenn man von jemandem geliebt werden wollte, so mußte man ihm ein paar Haare von der Schwanzspitze eines Wolfes zustecken. Nach Brunetto Latini „hat der Wolf an seiner Schwanzspitze eine Art „Liebeswolle“, die er sich mit den Zähnen ausreißt, wenn er in die Enge getrieben wird.“

Die Zauberer benutzten den Schwanz auch als Quirl, um damit schlechtes Wetter zu machen; wenn sie ihn in einem Wasserbecken oder einer Quelle hin- und herbewegten, so konnten sie angeblich Hagel, Gewitter oder Sturm heraufbeschwören.

Die Haare wurden oft zu rituellen Bräuchen verwendet. Man brachte sie am Firstbalken des Hauses an, um es gegen Feuerbrunst zu schützen. Verbrannte man Wolfshaare im Zimmer einer Wöchnerin, so war sie gegen böse Geister gefeit. Haare, „die aus dem Bart eines Wolfsrüden“ ausgerissen waren, brachten Glück in der Liebe. Die serbischen Zigeuner ließen ihre Frauen ein Wolfshaar am Körper tragen, damit sie ihnen treu blieben.

In Sizilien und Spanien glaubte man, ein Stück Wolfsfell schütze die Kinder vor Krankheiten. Trug man eine Mütze aus Wolfspelz, so konnte man nicht verhext werden. Ein Streifen Wolfsfell, mit dem getrockneten Herzen eines Raben um den Hals gebunden, brachte Glück in der Liebe. Ein Mensch, der Angst vor dem Wasser hatte, verlor seine Wasserscheu, wenn er in einem Wolfsfell badete. Es hatte auch die Eigenschaft, das Fieber zu senken, und half gegen Fallsucht und Koliken, wenn man es als Gürtel trug, und zwar direkt auf der Haut und mit den Haaren nach innen. In Deutschland gab man den jungen Männern Schuhe aus Wolfsfell, damit sie siegreich und tapfer im Kampf sein sollten.

Wölfe und Heilige

Tiere spielten immer eine bedeutende Rolle in der Geschichte der Heiligen, und der Wolf vielleicht mehr als alle anderen; er war jedoch immer ein zweideutiges Wesen, von dem man zwar Genugtuung forderte, das man aber auch als Beschützer ansah.

Bei den meisten Heiligenlegenden handelt es sich jedoch um nichts anderes als um alte heidnische Traditionen, denen in den folgenden Jahrhunderten, als das Christentum in Europa an Boden gewann, nur ein christliches Mäntelchen umgehängt wurde. Sankt Petrus ist der erste ‚Hirt der Wölfe‘. Dieser Glaube ist vor allem im slawischen Kulturkreis lebendig; dort erscheint der Heilige auf einem Schimmel, gefolgt von einer großen Schar zahmer Wölfe. Am 17. Januar, dem Fest des hl. Petrus im Winter, versammelt er alle Wölfe der ganzen

Gegend um sich und teilt ihnen ihre Nahrung für das kommende Jahr zu. Obwohl der Heilige mit den Wölfen im Bunde steht, wird er von den württembergischen Bauern angerufen, ihre Herden zu beschützen: „Sankt Peter soll seinen Schlüssel nehmen und den Höllenhunden das Maul verschließen." In Südfrankreich glaubte man, der Schlüssel des Petrus könne die Tollwut heilen.

In Osteuropa ist Sankt Georg der Herr und Meister aller wilden Tiere, vor allem der Wölfe, die seine liebsten Gefährten sind. In Estland und im westlichen Rußland wird er mit dem heiligen Nikolaus in Verbindung gebracht, der als Beschützer der Tiere des Wassers gilt. Er tritt immer in Begleitung einer Wolfsmeute auf, die man als seine Hunde betrachtet, und er bringt ihnen sogar bei, wie man am besten Vieh stiehlt.

In Pommern, Schweden und Frankreich dagegen ruft man ihn um Hilfe gegen die Wölfe an. In den Ardennen sagt man: „Der heilige Sankt Georg möge dir den Rachen verschließen, der heilige Sankt Johannes schlage dir die Zähne aus."

Als „Meister der Wölfe" gelten auch der hl. Nikolaus in Polen, der hl. Sava in Slowenien, Sankt Gabriel und Sankt Theodor in Jugoslawien und Sankt Michael in Pommern.

Die Verbindung von Wölfen und Heiligen ist manchmal eher zufällig. Sankt Genesius, nach der Legende ein Eremit im ‚Comtatt venaissin', wird mit einem Pflug dargestellt, der von einem Wolf und einem Ochsen gezogen wird; der

Das „Fest des Grünen Wolfes" in Jumièges, Zeichnung von H. Langlois, 1829.

Wolf vertritt den zweiten Zugochsen, den er aufgefressen hatte. Der hl. Mungo war im 6. Jahrhundert Bischof von Glasgow; da er keine Ochsen hatte, um seine Äcker zu pflügen, so spannte er stattdessen ein Paar Hirsche aus dem nahen Wald vor den Pflug. Eines Nachts wurde einer der beiden Hirsche von einem Wolf aufgefressen. Am anderen Morgen streckte der Heilige seine Hand nach dem Wald aus und sagte: „Im Namen der hl. Dreifaltigkeit gebiete ich dem Wolf, der mich geschädigt hat, mir sofort Gerechtigkeit widerfahren zu lassen." Kaum hatte er diese Worte ausgesprochen, so erschien der Wolf und warf sich laut heulend zu seinen Füßen nieder. „Steh auf", sprach er zu ihm, „ich befehle dir in Jesu Christi Namen, du sollst den Platz des Hirsches einnehmen, den du gefressen hast, und mir pflügen helfen." Der Wolf wurde also neben dem zweiten Hirsch angespannt und pflügte neun Tagewerke Ackerland. Soweit die Legende.

Die Geschichte von Sankt Austreberthe, einer heiligen Wäscherin, wurde ebenfalls berühmt. Die von den Nonnen des Klosters Pavilly gewaschene Wäsche wurde immer von einem Esel nach Jumièges gebracht, wo der hl. Philibert Abt war, und zu seinen Füßen niedergelegt. Auf dem Rückweg nahm der Esel die Wäsche mit, die zu waschen war. Eines Tages, als er wie immer allein durch den Wald trabte, stürzte ein Wolf hervor und verschlang ihn. Die Äbtissin aber spürte den Räuber auf und verurteilte ihn dazu, die Stelle seines Opfers einzunehmen: dieser Pflicht kam er jahrelang gewissenhaft nach. Zum Andenken daran wurde im 13. Jahrhundert im Wald eine Kapelle errichtet, die später durch ein sogenanntes „Eselskreuz" ersetzt wurde. Das Fest des „Loup-vert" (Fest des Grünen Wolfes) von Jumièges und ein ähnliches Fest (fête du Vert) in Montreuil-sur-Mer, der Heimat der Heiligen, sollen ebenfalls auf diese Legende zurückgehen.

Eine ganze Reihe von Heiligen werden als „Meister der Wölfe" bezeichnet, so z. B. St. Mauder, St. Thégonnec, St. Gentius, St. Malo, St. Sannes von Urbino, St. Odon, der blinde St. Hervé, der von einem Wolf geführt wurde und St. Envel. Der heilige Franz von Assisi zähmte den berüchtigten Wolf von Gubbio. Das Tier trieb in jener Gegend Italiens sein Unwesen und versetzte die Einwohner in Furcht und Schrekken. Der hl. Franz ging zu ihm hin und schlug ihm einen Freundschaftspakt vor: wenn der Wolf sich bereit erklärte, die Menschen in Ruhe zu lassen, würde er in Zukunft von ihnen sein Futter bekommen. Der Pakt wurde von beiden Seiten eingehalten. Diese Geschichte ist vermutlich die legendäre Verbrämung eines historischen Ereignisses: durch die Vermittlung des Heiligen kam ein Friedensschluß zwischen der Republik Gubbio und einem berüchtigten Raubritter, der das Land unsicher gemacht hatte, zustande.

Eine andere, sehr hübsche Legende handelt vom hl. Johannes und dem Wolf von Vernols. In seiner Klause lag ein armer Einsiedler im Sterben; in der Nähe wartete schon ein Wolf auf sein Ende, um ihn zu verschlingen. Ein Kreuzfahrer, der ein Stück Hüftknochen von Johannes dem Täufer als Reliquie aus dem Heiligen Land mitgebracht hatte, kam zufällig vorbei und hörte das Stöhnen des Sterbenden; er kam zur Höhle, verjagte den Wolf, indem er die Klinge seines Schwertes aufblitzen ließ, und reichte dem Greis das kleine goldene Kreuz, das die Reliquie enthielt. Der Einsiedler küßte inbrünstig das Kreuz und verschied. Nun stand der Kreuzfahrer vor einer schweren Gewissensentscheidung: sollte er dem Einsiedler mit seinem Schwert ein Grab schaufeln oder ihn dem Wolf überlassen? Er rief dem Wolf zu: „Wolf, du siehst hier diesen Leichnam und das Kreuz: im Namen des hl. Johannes sollst du bei ihm die Totenwache halten, bis ich zurückkomme." Am nächsten Tag fand er den Wolf neben dem Einsiedler, der unversehrt war. Daneben lag, mit durchgebissener Kehle, der Leichnam eines Bettlers, der noch die Hand nach dem Kreuz ausgestreckt hielt. An diesem Ort errichteten fromme Mönche eine Kapelle, die später zur

Der Wolf von Gubbio. Ausschnitt aus dem Gemälde von L.-O. Merson 1877. Museum der Schönen Künste, Lille.

Pfarrkirche von Vernols wurde; dort wird auch heute noch am Johannistag eine Prozession abgehalten.

Die hl. Elisabeth, Königin von Ungarn, rettete sich vor einem Wolf, indem sie auf einen Felsen sprang und auf eine hohe Eiche kletterte. Ihr Fußabdruck ist noch heute auf einem Felsen bei Schröcken in Hessen zu sehen, der „Elsentrappen“ genannt wird. Die Leute kommen dorthin, um das Wasser, das sich in dieser Vertiefung sammelt, zu schöpfen, da es gegen Augenkrankheiten helfen soll.

Auch Sankt Simpert von Augsburg wird mit einem Wolf dargestellt; er rettete ein Kind aus dem Maul eines Wolfes und zwang ihn, es zu seiner Mutter zurückzubringen. Sankt Blasius wurde von einer armen Witwe um Hilfe gebeten, weil ein Wolf ihr Schwein geraubt hatte,

Sankt Wolfgang.
Statue in der Kirche von Saint-Loup-sur-Cher (Frankreich).

und der Heilige befahl dem Tier, es ihr zurückzugeben.

Die Jungfrau Maria hilft den Menschen, die Wölfe oder in Wölfe verwandelte böse Geister fernzuhalten, die die Leichen der Verstorbenen verschlingen wollen. Als ‚Notre-Dame-de-Pare-Loup‘ verehrt man sie auf dem Friedhof von Mazan und auf einem Berg des Lubéron-Massivs in Maubec.

Aber der Wolf hat nicht nur viele Freunde unter den Heiligen; manche von ihnen sind sogar zu seinem Schutzpatron geworden, wie der hl. Ignatius von Loyola Sankt Wolf (St. Loup) – (wahrscheinlich aufgrund seines Namens – und Sankt Wendelin, der seltsamerweise auch als Schutzpatron der Schäfer gilt. Das Fest des Hl. Blasius von Sebaste fällt auf den 3. Januar; er ist der Schutzheilige der Kardätscher, Wollkämmer und Filzhutmacher, deren wichtigstes Werkzeug, der Kamm, in Frankreich als „Wolf“ bezeichnet wird. Daneben ist er auch der Patron der Steinmetze, die ebenfalls einen „Wolf“ benutzen, um die zu bearbeitenden Steinblöcke hochzuwinden.

Sankt Wolf (St. Loup) wurde natürlich am häufigsten um Hilfe gegen den Räuber angerufen. Auf seine wichtige Rolle bei den Schäfern sind wir schon eingegangen, aber darüber hinaus konnte er auch viele Krankheiten heilen, die fast immer mit Ängsten oder furchterregenden Symptomen einhergingen: so z. B. Krämpfe, Epilepsie, Mutismus, Darmkrämpfe bei Kindern, Angstzustände usw. Er schützte auch vor tollwütigen Tieren. Die Lebensgeschichte des Heiligen bietet jedoch in dieser Hinsicht keine Anhaltspunkte, und vermutlich ist der Grund dafür allein in seinem Namen zu suchen.

Der Wolfsbändiger

„Der Wolfsbändiger kniet mitten unter den Wölfen, er schiebt ihre knurrenden Schnauzen beiseite, um sich Platz zu schaffen, und ißt mit ihnen aus dem gleichen Napf. Nachdem er seinen Hunger gestillt hat, kommt er zu Ribaud, der auf der Schwelle steht und diese Szene mit Staunen beobachtet hat. Wie alt ist dein jüngstes Kind? fragt er ihn. – Ein Jahr ... – Junge oder Mädchen? – Ein Mädchen ... – Ich will sie sehen ... – Aber ... – Keine Angst, ich will mich nur bedanken ...

Ribaud fällt ein Stein vom Herzen. – Wenn es darum geht, so sind wir quitt ... – Ich möchte es aber trotzdem.

Er schiebt den Bauern beiseite und geht ins Haus. Eine Wolke von beißendem Tiergeruch geht von ihm aus, so daß Ribaud seine Nase abwenden muß. Drinnen setzt er sich auf die Ofenbank. Unter seinem weiten Überrock trägt er einen grauen Schnappsack. „Diese Hitze bekommt mir nicht ... “, sagt er und wirft einen unwirschen Blick auf das Feuer. Zeig mir deine kleine Tochter, sagt er dann. Die Mutter ist beunruhigt und will das Kind nicht zeigen. – Laß ihn ruhig, sagt der Bauer. Marie wird dem Mann gezeigt. – Gib sie her, ich will sie auf den Schoß nehmen. –

Die Bäuerin sieht fragend ihren Mann an. – Gib sie ihm, sagt er.

Als das Kind auf seinen Knien sitzt, spricht der Wolfsbändiger freundlich mit ihm. – Hör mal zu, Kleine ... ich will dir was schenken ...

Er spricht weiter, aber so leise, daß keiner etwas versteht. Es sind seltsame Kehllaute dabei, die er mit geheimnisvollen Gesten unterstreicht. Marie ist ganz ernst und schaut ihn mit offenem Mund an. Während er noch spricht, öffnet er seine Tasche, und ein zwei oder drei Monate altes Wölfchen streckt den Kopf heraus. Marie hält es für ein Spielzeug und klatscht vor Freude in die Hände, so daß der kleine Wolf Angst bekommt und nicht aus dem Sack heraus will, wo er in Sicherheit ist.

Hat Eure Tochter jemals Fleisch zu essen bekommen? erkundigt sich der Wolfsbändiger. – Nein ... antworten alle gleichzeitig und halten den Atem an.

Dann schweigen wieder alle, und er nimmt das Händchen des Kindes und legt es dem Wolfsjungen ins Maul. Die Mutter unterdrückt

Sankt Wendelin.
Glasmalerei aus Ungarn, 19. Jh.

einen Schrei und will ihm das Kind wieder wegnehmen.

Jetzt sagt der Wolfsbändiger mit ernster Simme: „Du bist begabt, Marie .... du wirst dich auf Wölfe verstehen, deine Hände werden Wolfsbisse versorgen und heilen können ... Du mußt Brot kauen und eine Brühe davon kochen ..., die tust du auf die Wunde, damit sie heilt ... es ist eine Art Heilmittel ... Nur eins darfst du nicht vergessen: sobald ich sterbe, wirst du diese Gabe verlieren ..."

Nach diesen Worten gibt er der Mutter das Kind zurück, steht auf und geht hinaus, ohne jemanden anzusehen. Friedlich und sattgefressen warten draußen im Hof seine Tiere. „Trrri ...", macht er. Sie verschwinden in der Nacht, die im Frost erstarrt ist."

Claude Seignolle erfuhr diese Geschichte von der Hauptperson selbst, Mme. Vannier aus Ennordres (Cher), die sie ihm 1944 erzählte; sie war damals achtzig Jahre alt.

Wer waren diese Wolfsbändiger, die mit ihrem Gefolge von zahmen und folgsamen Tieren durch das Land wandertem, die so manchen schröpften, andere einschüchterten, von Hof zu Hof zogen und dort Furcht und Schrecken verbreiteten? Waren sie Zauberer, weil sie Freunschaft mit den Wölfen geschlossen hatten? Waren sie Hexenmeister, da sie unbehelligt mitten unter ihnen leben konnten? Waren sie Besessene, weil sie Macht über die Tiere hatten?

Der Wolfsbändiger, Lithographie von E. Cadel, um 1880.

Solche Menschen gab es wirklich, und Claude Seignolle ist nicht der einzige, der das bezeugen kann. Holzfäller, Köhler, Einsiedler oder Schäfer, die in den Wäldern aufgewachsen waren, hatten sicherlich auch gelernt, mit Wölfen umzugehen, sie zu verstehen und sie sich dienstbar zu machen. Aber in der volkstümlichen Überlieferung führte diese Vertrautheit im Umgang zu phantastischen Ausdeutungen, und man schrieb den Wolfsbändigern übernatürliche Kräfte zu.

In seinem 1855 erschienenen „Glossaire du centre de la France" gibt Jaubert folgende Definition: „Er ist ein Hexer, der die Gabe hat, die Wölfe in seinen Bann zu schlagen; er zwingt sie, ihm zu folgen und ruft sie zu magischen Zeremonien an Kreuzwegen im Wald zusammen. Der Wolfsbändiger ist auf dem Lande sehr gefürchtet." In manchen Gegenden Frankreichs konnte man sich eine solche Gabe nur als Folge eines Paktes mit dem Teufel erklären, und man kann sich leicht vorstellen, daß die armen Kerle, denen man derartiges nachsagte, in Versuchung kamen, diese Furcht auszunutzen, um sich an einer Gesellschaft zu rächen, die sie verachtete. In Berry erzählte man von Zauberern, die Wölfe verhexen konnten, auf Waldlichtungen an ihren magischen Zeremonien teilnahmen, die Tiere zu bestimmten Kreuzwegen im Walde lockten und sie dazu brachten, ihnen zu folgen. Man nannte sie „Serreux de loups", denn man hatte sie im Verdacht, die Wölfe bei Treibjagden in ihrer Scheune einzusperren.

Nach der mündlichen Überlieferung verfügte der Wolfsbändiger über verschiedene Mittel, um die Wölfe herbeizulocken. Er konnte sie herbeirufen, indem er einen bestimmten Pfeifton hören ließ, oder er spielte auf einem Dudelsack. George Sand erzählt in den ‚Légendes rustiques' von einem Dudelsackspieler aus Saint-Août, den man den ‚großen Julian' nannte; man sah ihn eines Tages „auf der Heide stehen; er spielte eine ganz und gar unchristliche Weise, und eine Schar von mehr als dreihundert Wölfen zog hinter ihm her." Er konnte auch ein Feuer machen, wie in der Brenne oder in der Vienne, und auf dieses Zeichen des

‚gardeux de loups' hin liefen alle Wölfe herbei und versammelten sich um das Feuer.

In seinen „Legenden und mündlichen Überlieferungen aus dem Elsaß" erzählt Jean Variot die Geschichte eines unheimlichen Wolfsbändigers aus dem Kronthal, zwischen Scharrachbergheim und Marlenheim. An dieser Stelle wird das Bett der Mossig so eng, daß man die Straße aus den Felsen heraushauen mußte.

„Sobald man sich in dem Engpaß zwischen den Felsen befindet, hört man ein lautes Geräusch wie von einer Tür, die sich schließt. Unwillkürlich dreht man sich um, und da sieht man, daß eine Felswand herabgestürzt ist und den Rückweg abschneidet. Man glaubt zunächst an einen Zufall, und nimmt sich vor, am nächsten Morgen die Sache zu melden. Aber dann taucht eine Gestalt auf, gegen die kein Gendarm etwas ausrichten kann.

Ein Mann in einem langen schwarzen Gewand, barhäuptig, mit wirrem Haar und Bart, steht mitten auf der Straße und wartet. Neben ihm sitzt ein riesengroßer Wolf. Merkwürdigerweise fängt der Wolf an zu klagen wie ein Mensch, und der Mann heult wie ein Wolf. Dann fällt Ihnen ein, daß die Burg Nideck nicht weit von dort liegt, und Sie erinnern sich an jene alte Geschichte über das Geschlecht derer von Nideck, dessen Vorfahren in sonderbarer Verirrung sich mit Wölfinnen vermählten, um einen starken, wilden Stamm zu begründen; alle hundert Jahre gab es in dieser Familie Männer und Frauen, die halb Wölfe, halb Menschen waren. Sie irrten in den Wäldern umher und paarten sich mit wilden Tieren, oder sie fielen mit gefletschten Zähnen über einsame Wanderer her.

Mit einem Mal beginnen die Augen des Mannes zu leuchten, und die Nacht bricht an. Die Augen des Wolfs knistern wie brennendes Harz. Sie versuchen zu entfliehen, aber der Wolf hat schon zum Sprung angesetzt; er beißt Ihnen die Füße ab. Dann sind Sie verloren; es wird nichts mehr von Ihnen übrigbleiben als ein paar Knochen und eine große Blutlache."

Nicht alle Wolfsbändiger waren jedoch solch schaurige Gestalten. Meistens beschränkten sie sich darauf, die Angst der Reisenden vor dem Einbruch der Nacht auszunutzen, und boten ihnen zwei ihrer Tiere als Begleiter bis zum nächsten Dorf an. Aber der Wanderer durfte unterwegs auf keinen Fall stolpern, sonst fielen die Wölfe über ihn her und rissen ihn in Stücke. Nach der Ankunft mußte man ihnen zum Dank ein Stück Brot geben.

Monsieur Poquet aus Haut-Jussé erzählt die Geschichte eines Schloßherrn von la Marche, der mit dem Wolfsbändiger seines Dorfes um die Mitte des 19. Jahrhunderts folgendes Abenteuer erlebte: „Herr de Verdalle, Sie sollten nachts nicht allein ausreiten; ich werde Ihnen zwei Begleiter mitgeben, aber seien Sie gut zu Ihnen, wenn Sie angekommen sind . . . " Der Wolfsbändiger verschwand und Herr de Verdalle sah rechts und links neben seinem Pferd zwei Wölfe auftauchen. Vor lauter Angst galoppierte das Tier, so schnell es konnte. Bei seiner Ankunft am Schloß stieg Herr de Verdalle vom Pferd ab, lief zur Küche, schnitt einen Brotlaib in zwei Teile und ging zurück zur Tür, wo die Wölfe noch saßen und auf ihn warteten; er warf jedem von ihnen ein halbes Brot zu, und dann waren sie verschwunden.

In einem Kapitel der ‚Legendes rustiques' schreibt George Sand zu diesem Thema: „. . . die Wolfsbändiger sind nicht etwa die Anführer von Zauberern, die sich in Wölfe verwandelten, um kleine Kinder aufzufressen; im Gegenteil, es sind Menschen, die ein geheimes Wissen haben, alte Holzfäller oder kluge Wildhüter, welche die Gabe besitzen, richtige Wölfe in ihren Bann zu schlagen, sie zu zähmen und anzuführen.

Ich kenne mehrere Leute, die beim ersten Mondlicht am Kreuzweg von Croix-Blanche den alten Soupison gesehen haben, den man auch Démonnet nennt, wie er mit großen Schritten vorbeikam, gefolgt von mehr als dreißig Wölfen.

Zwei Männer erzählten mir, sie seien nachts im Wald von Châteauroux einer großen Schar von Wölfen begegnet. Sie fürchteten sich sehr und kletterten auf einen Baum, und von dort aus sahen sie, wie die Tiere vor der Hütte eines Holzfällers stehenblieben. Der Holzfäller kam heraus und sprach mit ihnen in einer unbekannten Sprache; er ging mitten zwischen ihnen umher, und sie liefen wieder auseinander, ohne ihm etwas zuleide zu tun.

Das ist eine Bauerngeschichte. Aber zwei reiche und gebildete Leute mit gesundem Menschenverstand und Geschäftssinn, die in der Nähe eines Waldes leben und dort oft zur Jagd gehen, haben mir *auf ihre Ehre* geschworen, sie hätten beide gesehen, wie ein alter Waldhüter, den sie kannten, an einem Kreuzweg gestanden und seltsame Bewegungen vollführt habe. Die beiden hätten sich versteckt, um ihn zu beobachten; dann seien dreizehn Wölfe aufgetaucht, und ein besonders großer lief geradewegs auf den Wolfsbändiger zu und liebkoste ihn; der Mann pfiff die anderen zu sich, wie man nach Hunden pfeift, und verschwand mit ihnen im Dickicht. Die beiden Augenzeugen dieses seltsamen Vorgangs wagten nicht, ihm nachzugehen, und machten sich voller Schrecken und Verwunderung auf den Heimweg.

Diese Geschichte wurde mir so glaubwürdig erzählt, daß ich nicht weiß, was ich davon halten soll. Ich bin auf dem Lande aufgewachsen und glaubte lange Zeit an Visionen, die ich zwar nicht persönlich erlebt, wohl aber aus meiner nächsten Umgebung erfahren hatte, so daß ich auch heute noch nicht genau sagen kann, wo die Wirklichkeit aufhört und die Halluzination anfängt. Ich weiß, daß es Raubtierdompteure gibt. Könnte es nicht auch Menschen geben, die Macht über in freier Wildbahn lebende Tiere haben? Haben die zwei Personen, die mir von diesem Erlebnis berichteten, alle beide nur geträumt, oder hatte der vermeintliche Zauberer dreizehn Wölfe nur zum Spaß gezähmt? Ich bin fest davon überzeugt, daß die beiden Erzähler genau das Gleiche gesehen haben, und es besteht kein Grund, die Wahrheit ihrer Aussagen zu bezweifeln."

In den ‚Contes de L'Ille-et-Vilaine" von Adolphe Orain findet sich die Geschichte eines Wolfsbändigers, der sein Gefolge dazu benutzte, um Rache zu üben. Sie stammt aus der Gegend von Bruz und soll sich um die Jahrhundertwende zugetragen haben. „Ein Wolfsbändiger hatte geschworen, sich an einem Gutsbesitzer aus Montival zu rächen, der ihm Unrecht getan hatte. Letzterer pflegte nachts seine Pferde auf die Weide von La Planche zu bringen, die zu seinem Hof gehörte. Der Zauberer wußte das, und eines Tages sagte er in der Dorfschenke, er wolle in der folgenden Nacht seine Wölfe dort hinführen. Der Gutsbesitzer bekam Wind davon, und am Abend nahm er sein Gewehr und versteckte sich in den Zweigen einer Ulme.

Der Wolfsbändiger. Lithographie von M. Sand, 1858.

Nach einer Weile kam der Wolfsbändiger mit seiner Meute. Er setzte sich rittlings auf das Gatter und sagte zu seinen Wölfen: „Vorwärts, liebe Freunde, und sucht euch nur das fetteste Tier aus!“ Kaum hatte er diese Worte ausgesprochen, so wurde er von einem Schuß getroffen und fiel zu Boden. War er wirklich tot? Niemand hat es je erfahren. Beim Knall des Schusses liefen die Wölfe nicht etwa davon, sondern sie kamen zu ihrem Herrn zurück und brachten ihn heim ins Dorf, und zwar nach Le Houx in der Gemeinde von Bruz. Dort schleppten sie ihn auf den Speicher und ließen keinen Menschen an ihn heran.

Die Leiche dieses Mannes wurde nie gefunden. Man nahm an, er habe seine Seele dem Satan verschrieben, um ein Zauberer zu werden, und der Teufel sei gekommen, um ihn zu holen ... “

Wenn sie auch nicht immer dem Teufel ihre Seele verkauft hatten, die Wolfsbändiger waren nicht nur eine Ausgeburt der Phantasie, denn im Jahre 1878 warnte der Präfekt des Départements Indre in einem Rundschreiben die Bevölkerung vor Personen, die Wölfe zur Schau stellten; er weist darauf hin, „daß gewisse Personen mit Wölfen durch die Gegend ziehen und einsam gelegene Häuser und Gehöfte aufsuchen, um die Bewohner einzuschüchtern und zu bedrohen, damit sie ihnen Geld geben.“

Werwölfe

„Sieben Jahre lang werden mich meine Pfoten tragen von der Heide zu den Schafherden; von eisigen Wäldern nach warmen Ställen.
Sieben Jahre lang wird der einäugige Mond auf mich herabschauen mit seinem bleichen Auge, das wechselnde Formen annimmt, wie um mich glauben zu machen, es sei jedesmal ein anderer, der mich belauert. Und immer muß ich gegen seine unerbittliche Herausforderung anheulen.
Sieben Jahre, scharf wie der Frost der farblosen Winde; durchdringend wie das Wasser der körperlosen Wolken.
Sieben Jahre wird mein Bauch knurren.
Sieben Jahre werden die Menschen einen falschen Herrn anbeten und verehren; als ob ihr sanftmütiger Gott etwas gegen den meinen vermöchte, der von Schuppen bedeckt ist und Feuerbrände schwingt.
Sieben Jahre, schneidend wie sieben aus Stahl geschmiedete Schwerter, werde ich verdammt sein, ohne je zu wissen, wer ich wirklich bin: Mensch oder Baum; Vogel oder Stein.
Mein Seufzen wird ein Geheul sein, mein Trank nur Blut; meine Speisen werden Berge von weichen, warmen Tieren sein ... und wenn sie aufgezehrt sind, werde ich Menschenfleisch essen ...
Sieben Jahre werde ich meinem Herrn dienen.
Sieben Jahre werde ich Hunger leiden, bevor er mich freigibt. Das ist meine Strafe.
Sieben Jahre nur.
Sieben Jahre, weh mir!“
(Claude Seignolle, ‚le Gâloup‘ (der Werwolf), 1960).

Schon immer glaubte man, Dämonen und Zauberer könnten sich in Wölfe verwandeln; sogar der Teufel trat gelegentlich in Gestalt eines Wolfs auf, und der hl. Maudet bekam ihn am eigenen Leibe zu spüren: wie von unsichtbarer Hand wurden nachts immer wieder die Mauern des Klosters niedergerissen, das er bauen wollte. Eines Tages sah er einen Wolf, der kein anderer als der Teufel selbst war; St. Maudet packte ihn am Schwanz und warf ihn

Der Wolf als Bettler. Radierung von La Guillermie, 19. Jh.

Der Werwolf. Stich von Lucas Cranach, 16. Jh.

ins Meer. Daraufhin konnte der Bau ohne Schwierigkeiten vollendet werden. In Spanien reiten die Helfershelfer des Teufels mit rückwärts gewandtem Kopf auf Wölfen, deren Schwänze stocksteif abstehen und am Ende eine Kerze tragen. Amon, der mächtige Herrscher der Unterwelt, hat einen Wolfskopf und einen Schlangenleib. Belzebub, der Fürst der Dämonen, heult im Zorn wie ein Wolf.

Aber auch Menschen konnten sich in Wölfe verwandeln, das heißt, nur manche Menschen. Es war eine Strafe des Teufels, wenn in der Hölle kein Platz mehr war, und der Werwolf mußte sieben Jahre lang jede Nacht in sieben Dörfern umgehen und sieben Hunde auffressen. Der Werwolf ist eines der häufigsten Themen in der europäischen Märchen- und Sagenwelt. Man kann wohl sagen, daß die Vorstellung von Menschen, die sich in Wölfe verwandeln können, jahrhundertelang einer der schlimmsten Alpträume unserer Gesellschaft gewesen ist. Vom Mittelalter bis zur Renaissance mußten deshalb Tausende von Männern und Frauen auf dem Scheiterhaufen sterben, und der Richter Bodin, ein Hexen-Inquisitor des 16. Jahrhunderts, ging sogar so weit, zu behaupten, es gebe gar keine richtigen Wölfe; in Wirklichkeit seien sie nur Menschen, meist Zauberer oder Hexen, welche die Gestalt eines Tieres angenommen hätten.

Erst im Jahre 1615 schrieb ein Arzt, Dr. Nynauld, in seiner Abhandlung „Über die Wolfsmenschen", es handle sich dabei „um eine Krankheit, bei der der Mensch glaubt, er habe sich in einen Wolf verwandelt." Er erklärt: „Die innere Wahrnehmung der Hexen wird getäuscht durch die aufpeitschende Wirkung einer

Die Verwandlung der Menschen in Wölfe. Holzschnitt aus Olaf Magnus Historia de gentibus septentrionalibus, 1555.

Salbe oder eines Zaubertranks, so daß sie fest davon überzeugt sind, ein Tier zu sein; und sie laufen auf allen Vieren umher, mit dem Bauch nach unten wie die Tiere, wobei sie ihre Hände wie Vorderpfoten benutzen." Dieser „Wolfswahn" oder „Nachahmungswahn" konnte in Mord- und Menschenfresserei ausarten und endete oft mit einem qualvollen natürlichen Tod, sofern der Betreffende nicht zum Scheiterhaufen verurteilt wurde.

Aber die Lykanthropie, d. h. die Fähigkeit, sich in ein reißendes Tier zu verwandeln, gab es zu allen Zeiten und in allen Ländern. Sie ist ein Gemisch aus Mythologie, Folklore, Hexerei und Wahnsinn, und noch heute hat sie einen festen Platz im Alltagsleben mancher afrikanischer Stämme, die an Löwenmenschen glauben.

Robert Eisler und Montague Summer haben zwar wichtige Beiträge zu diesem Thema geleistet, aber ein grundlegendes Werk über die Geschichte der Lykanthropie steht noch aus. Man könnte darin den Gang einer Entwicklung aufzeigen, die von Wolfsgottheiten über kriegerische Sekten und Hexenwesen bis hin zu ihrer Einordnung als eine Art von Geisteskrankheit geführt hat.

Schon bei Herodot und Plinius finden sich Geschichten von Werwölfen. Der erstere berichtet, daß die Neurer in Skythien sich an gewissen Tagen des Jahres in Wölfe verwandelten, und Plinius erklärt, daß von den Menschen der Rasse des Anthäus immer einer zu einem Wolf wurde. Sie mußten einen mitten im Wald gelegenen Teich durchschwimmen und wurden verwandelt, sobald sie das andere Ufer erreicht hatten.

Noch die Griechen kannten einen Kult, bei dem Wolfsgötter verehrt wurden, und zwar gab es besondere Bruderschaften, die als Wölfe verkleidet die Menschenfresserei als Ritual ausüben mußten. „Vergleicht man in Afrika übliche Praktiken mit den Zeugnissen der antiken Autoren, so ergeben sich folgende Gemeinsamkeiten: Um in die Bruderschaft aufgenommen zu werden, d. h. Wolfsmensch zu werden, mußte der Kandidat an einem Mahl teilnehmen, bei dem menschliche Eingeweide zusammen mit den Innereien von Tieren verzehrt wurden. Durch den bewußten oder unbewußten Vollzug dieses Ritus der Einverleibung wurde der Initiand zum Werwolf. Die griechischen Autoren, die sich von dieser primitiven Barbarei distanzierten, sahen diesen Vorgang als Unglück oder Strafe an; aber in frühester Zeit war es wohl eine durchaus gebräuchliche Art der Initiation."

Bei den Lakedämoniern mußten die jungen Männer ein Jahr wie die Wölfe leben; sie durften sich nicht zeigen, lebten von Raubüberfällen und brachten Heloten um. Auch im indo-iranischen Kulturkreis gab es solche „kriegerische Bruderschaften"; die jungen Krieger sollten sich durch die Initiation in blutrünstige Raubtiere verwandeln. Bei den alten Germanen nannte man diese Krieger in Tiergestalt „Berserker", d. h. Krieger im Bärenkleid. Sie wurden auch als „Ulfhêdnar" bezeichnet, d. h. als Wölfe verkleidete Menschen. Diese Krieger in Wolfsgestalt, die man auch aus den Geheimbünden Nordamerikas und Afrikas kennt, betrieben mit Sicherheit rituelle Menschenfresserei. Auch im nordischen Kulturkreis existierte dieser Brauch: die Krieger benahmen sich wild und zügellos wie Wölfe und schreckten auch vor Mord und Menschenfresserei nicht zurück. Die magische Verwandlung zu Werwölfen fand im Verlauf einer rauschenden Orgie statt, bei der Wolfsfelle getragen wurden. Ähnlich wurden auch gewisse Szenen bei prähistorischen Höhlenmalereien gedeutet, die Menschen in Wolfsgestalt darstellen.

In seinem 1587 erschienenen „Geisterglauben der Zauberer" untersucht Bodin die Lykanthropie und ihre Beziehung zu einem der tragischsten Kapitel der Kirchen- und Justizgeschichte, wie sie in den großen Hexenprozessen des 16. und 17. Jahrhunderts zum Ausdruck kam. Bodin erzählt die Geschichte eines Jägers, der von einem riesigen Wolf angefallen wurde; das Tier ließ jedoch von ihm ab, nachdem er ihm eine Vorderpfote abgeschlagen hatte. Auf einem Schloß in der Nähe, wo er um Gastfreundschaft gebeten hatte, erzählte er von seinem Abenteuer und zog die abgeschlagene Wolfspfote aus der Tasche. Sie hatte sich jedoch in eine Frauenhand verwandelt, und an einem Finger glänzte der Ring der Gemahlin des Schloßherrn. Sie gestand nun, daß sie mit dem Teufel im Bunde sei und allnächtlich von ihm gezwungen werde, in den Wald zu gehen und dort Wanderer anzufallen. Ihr Ehegatte lieferte sie der Gerichtsbarkeit aus, und sie wurde bei lebendigem Leibe verbrannt.

Diese traurige Epoche begann im Jahre 1484 mit der Verkündung der Bulle „Summis desiderantes affectibus“ von Papst Innozenz VIII. Das verworrene Gedankengut, das darin zum Ausdruck kam, wurde jahrhundertelang in zahlreichen Abhandlungen aufbereitet. Der im Jahre 1486 erschienene „Hexenhammer“ ist ein wahres Handbuch zum Aufspüren von Werwölfen; es behandelt unter anderem folgende Fragen: „Wie stellen es die Hexen an, Menschen in Tiere zu verwandeln?“. Unter Berufung auf Autoritäten wie Thomas von Aquin und Augustinus behaupten die Autoren: „Von Zeit zu Zeit verlassen die Wölfe ihre Behausung, um Erwachsene und Kinder aufzufressen, und sie schleichen mit solcher List umher, daß man sie weder durch Kraft noch Geschicklichkeit verwunden oder fangen kann. Man muß dazu bemerken, daß dies manchmal eine natürliche Ursache hat, oft aber auch durch die Zauberei der Hexen zustande kommt. Im ersten Fall .... kommen fünf Gründe dafür in Frage: manchmal herrscht eine Hungersnot, so daß Hirsche und andere wilde Tiere die Nähe der Menschen suchen; ein anderes Mal liegt es in ihrer Wildheit begründet, wie in kalten Gegenden, oder wenn sie Junge haben. Aber das gehört nicht hierher. Wir sind der Meinung, daß derartige Dinge das Werk des Teufels sind, womit Gott ein Volk für seine Sünden straft; heißt es doch im ‚Leviticum‘: Ich werde die wilden Tiere auf euch hetzen, damit sie eure Kinder rauben und euer Volk zerreißen sollen .... Die Frage, ob es wirkliche Wölfe sind oder Teufel in Wolfsgestalt, ist nur so zu beantworten, daß es sich um wirkliche Wölfe handelt, die jedoch vom Teufel besessen sind.“

Man kann sich vorstellen, welche Folgen dieser Text hatte, nicht nur für die Wolfsmenschen, sondern auch für die Wölfe selbst, die mit Dämonen gleichgesetzt wurden. „Die Lykanthropie“, so schreibt Jean Palou, „hat in unserer westlichen Welt keine volkstümliche Tradition, sondern sie ist eine Erfindung der Gelehrten und Wissenschaftler, und wir sind der Ansicht, daß sie erst durch den Einfluß von Richtern und Dämonologen, die sich auf die Texte der Antike stützten, unter dem Volk verbreitet wurden.“

Vor allem der Richter Boguet aus der Franche-Comté brachte es zwischen 1598 und 1600 zu trauriger Berühmtheit; im Laufe von zwei Jahren soll er allein sechshundert ‚Werwölfe‘ zum Tode verurteilt haben. Dennoch glaubte er selbst nicht, daß sich Menschen in Tiere verwandeln könnten, sondern er war davon überzeugt, der Teufel habe seine Opfer ausgeschickt, um Kinder und Schafe zu erwürgen; er habe sie zuvor mit einer Salbe eingerieben und ihnen ein Wolfsfell übergezogen, das so eng am Körper anlag, daß sie sich wie Wölfe bewegten.

Bodin meint, „daß die Menschen manchmal zu Tieren werden, obwohl ihre Gestalt und ihr Verstand menschlich bleiben. Wir können nicht sagen, ob dies unmittelbar durch die Macht Gottes geschieht, oder ob er seine Macht dem Satan überträgt, damit er den göttlichen Willen in die Tat umsetzt.“ Er sagt auch: „Einige Ärzte haben angesichts dieser seltsamen Vorgänge die Lykanthropie als eine ‚Krankheit des kranken Menschen‘ beschrieben ... aber man müßte eine Menge guter Gründe und Beweise anführen, die aussagekräftig genug wären, sämtliche Völker der Erde Lügen zu strafen; die Geschichtsschreiber der damaligen und späteren Zeit haben, wie auch die Heilige Schrift, die Lykanthropie als eine unleugbare und nicht zu bezweifelnde Tatsache angesehen. Durch ein gerechtes Urteil Gottes verlieren die Lykanthropen ihre menschliche Gestalt und sind dazu verdammt, Wölfe zu sein.“ Das Problem konnte nur durch den Scheiterhaufen gelöst werden, denn „dadurch wird bewiesen, daß mit der Ursache auch die Folgen beseitigt werden, und daß Gott den Menschen Prüfungen auferlegt, wie es ihm gefällt.“

Wenn man sich vorstellt, auf welche Art die Geständnisse zustandekamen, so wundert man sich nicht mehr über die Gesprächigkeit der Angeklagten, die sich sogar ihrer angeblichen Verbrechen rühmten und oft die grausigsten Einzelheiten schilderten, von Menschenfresserei bis zur Bestialität.

Auf dem Lande dagegen brauchte man weder Hexen noch Teufel, um ein Werwolf zu werden. Das geringste Vergehen konnte dazu Anlaß geben, und mangelnder Respekt vor der Religion war einer der Hauptgründe. Wenn einer seit zehn Jahren nicht mehr gebeichtet hatte, nie seinen Finger in Weihwasser tauchte und am Karfreitag Fleisch aß, so hatte er gute Aussichten, als Werwolf verschrien zu werden. Wer den Namen eines Schuldigen verschwieg, aus einer Familie mit sieben Kindern stammte, von ‚erotischer Melancholie' befallen war oder zufällig ein Wolfsfell trug; wer sein Lager oder seine Nahrung mit einem Wolf teilte oder seine Haut mit einer Salbe aus Wolfsfett, Bilsenkraut, Tollkirsche, Mohn, Christrose, Hanf oder Stechapfel einrieb, der konnte sicher gehen, bald selbst ein Werwolf zu werden.

Aber es gab auch Mittel und Wege, zur menschlichen Gestalt zurückzukehren. Je nach Gegend mußte man ins Wasser springen oder sich im Tau wälzen, hundert Jahre auf den Knien liegen, sich von einem Freund mit einem Messer dreimal in die Stirn ritzen lassen, drei Tropfen Blut verlieren oder von einer geweihten Kugel getroffen werden, die aus Silber gegossen war. Um sich vor dem Werwolf zu schützen, mußte man jedes Jahr am Johannisfeuer teilneh-

Vergleich von Menschen- und Wolfsköpfen. Aus: Ch. Lebrun und Morel d'Arleux, Traité de physiognomie, 1806.

men, den Neugeborenen ein Büschel Frauenhaar (adiantum capillus Veneris) in die Wiege legen und dazu verschiedene Bannsprüche aufsagen, die es überall in unzähligen Variationen gab.

Die meisten Werwölfe der Christenheit kamen aus der Franche-Comté, aus Lothringen und Deutschland. „Das ist nicht weiter erstaunlich“, sagt Jean Vartier, „denn die Zahl der in diesen Ländern verbrannten Hexen schlug sämtliche Rekorde.“

Von den unzähligen Opfern der Hexenprozesse wollen wir nur zwei der Betroffenen, Pierre Burgot und Michel Verdung erwähnen, die der Richter Bodin 1521 verurteilte: „Nachdem sie sich mit Salbe eingerieben hatten, wurden sie in Wölfe verwandelt und liefen mit unglaublicher Leichtigkeit dahin ... sie paarten sich mit Wölfinnen, wobei sie die gleiche Lust empfanden wie vorher bei den Frauen.... Sie legten ein Geständnis ab ... Burgot gab zu, einen Jungen mit seinen Wolfsklauen und -zähnen umgebracht zu haben .... Michel Verdung gestand, er habe ein junges Mädchen getötet ... und alle beide hatten außerdem vier Mädchen aufgefressen....“ Sie wurden verbrannt ohne andere Beweismittel als ihre durch die Folter erpreßten, oft widersprüchlichen Geständnisse.

Gilles Garnier wurde verhaftet, weil er angeblich ein kinderfressender Werwolf war; er hatte beschlossen, sich in einen Werwolf zu verwandeln, weil dieses Tier ihm „zeitgemäßer“ erschien als ein Löwe oder ein Leopard. Das Gericht von Dôle verurteilte ihn 1573 zum Tod auf dem Scheiterhaufen.

Im Jahre 1598 war in Caude bei Angers ein Kind gefressen worden; die Bauern machten sich auf die Jagd nach dem Wolf und fanden nicht weit von der Leiche in einem kleinen Feld einen völlig verwahrlosten Menschen mit furchtbarem Gesicht, wirren Haaren und blutigen Händen mit langen Fingernägeln. Sie ergriffen ihn und fragten, was er dort zu suchen habe, und er antwortete, er habe das Kind zusammen mit seinem Vater und seinem Vetter aufgefressen, die beide ebenfalls Werwölfe seien wie er selbst. Nachdem er durch den Strafrichter von Angers zum Tode verurteilt worden war, brachte er den Mut auf, Widerspruch einzulegen, und die Sache wurde vor dem Obersten Gerichtshof in Paris verhandelt. Dieser kam zu dem Schluß, daß „bei diesem Unglücklichen eher Wahnsinn als Bosheit und Zauberei vorliege“, und er wurde dazu verurteilt, zwei Jahre im Hospital von Saint-Germain-des-Près eingesperrt zu werden, „damit er dort gebessert und umerzogen werde.“

Im Jahre 1603 stand Jean Grenier, ein vierzehnjähriger Junge, in Bordeaux vor Gericht. Er behauptete, er könne sich jederzeit in einen Werwolf verwandeln, indem er ein Wolfsfell überzog, und brüstete sich damit, mehrere Kinder umgebracht und aufgefressen zu haben. „Wenn er umgehen will, so trägt er ein Wolfsfell, das ihm Monsieur de la Forest (der Teufel) bringt, wenn er will, daß er umgehe; dann reibt er sich mit einer Art Fett ein, das er von ihm bekommen hat, nachdem er die Kleider abgelegt hat, die er sonst zu tragen pflegt.“ Der Junge bezichtigte auch den eigenen Vater der Lykanthropie, aber sein Geisteszustand bewahrte ihn vor dem Scheiterhaufen; man verurteilte ihn zu lebenslänglicher Haft bei den Mönchen von Bordeaux.

Die meisten „Werwölfe“ konnten kein so mildes Urteil erwarten. Fünf Jahre zuvor wurde der Jura von einer richtigen Seuche von Lykanthropie befallen, und die Justizbehörden von Dôle erließen sogar eine Verordnung, in der die Dorfbewohner zu Selbstjustiz aufgerufen wurden: sie sollten sich „mit Piken und Hellebarden versammeln, um den Werwolf zu jagen und zu verfolgen, wo immer sie ihn finden können, und sollen ihn fangen, töten und erlegen, ohne daß ihnen eine Strafe oder Buße droht....“ Im Jahre 1605 kostete dieser Erlaß, der zum Mißbrauch geradezu herausforderte, Perrenette Gandillon das Leben: die Einwohner von Nezans, einem kleinen Dorf bei Moirans, massakrierten sie mit Stockschlägen. Sie hatte das Pech gehabt, an demselben Tag aus dem Dorf weggegangen zu sein, an dem ein Kind von einem Wolf gefressen wurde, „dessen Vorderpfoten wie Hände aussahen.“

Im Jahre 1710 veröffentlichte Laurent Bordelon die „Histoire des imaginations de Monsieur Oufle causées par la lecture des livres qui traitent de la magie“ (Die Phantasien des Herrn Oufle, ausgelöst durch die Lektüre von Büchern über Magie). In diesem Buch wird der Glaube an das Hexenwesen lächerlich gemacht, und die Prozesse wegen Lykanthropie werden unmöglich.

Aber noch sind die Werwölfe nicht von der Bildfläche verschwunden, und die volkstümliche Literatur des 19. Jahrhunderts kennt zahlreiche Märchen und Legenden, in denen er eine grausige Rolle spielt. Van Gennep erzählt, in der Auvergne „sei der Werwolf ein Sterblicher, der nachts in einem Tierfell umgeht und wie toll auf allen Vieren durch die Gegend läuft. Kugeln können ihm nichts anhaben. Wenn er das erste Tier, dem er begegnet, auffrißt, so wird er ungefährlich; wenn nicht, so reißt er alles, was ihm über den Weg läuft, in Stücke und vergreift sich sogar an kleinen Kindern. Seine Frau, die von seiner Besessenheit weiß, kocht ihm einen Napf mit Futter, wie man es den Schweinen gibt, das er im Morgengrauen nach seiner Heimkehr hinunterschlingt. Am nächsten Tag geht er seiner üblichen Beschäftigung nach, und nichts deutet auf sein schreckliches Schicksal hin, außer der Tatsache, daß seine Hände besonders rauh sind. Wenn er bei seinem nächtlichen Rundgang bis aufs Blut gestochen wird, so wird er von seiner Krankheit geheilt. Aber wehe dem Freund, der ihm diesen Dienst erweisen will und ihn dabei verfehlt: der Werwolf muß ihn dann sofort in Stücke reißen."

In der Vendée konnte der Pfarrer Menschen in Werwölfe verwandeln, wenn sie ein Verbrechen oder einen Diebstahl begangen hatten und kein Geständnis ablegen wollten. „Wenn ein Diebstahl oder ein Verbrechen im Dorf begangen worden ist, wird der Pfarrer verständigt. Am ersten Sonntag ermahnt er den Schuldigen zum ersten Mal und fordert ihn auf, den Schaden wieder gutzumachen. Am nächsten Sonntag kommt die zweite Mahnung; der Schuldige hat sich noch nicht zu seiner Tat bekannt. Diesmal weist der Pfarrer darauf hin, daß nach der dritten Mahnung das Urteil gefällt wird, ein furchtbares, schauriges Urteil. Nervöse oder schwangere Frauen sollten an diesem Tag zu Hause bleiben. Von der Kanzel herab verlas der Priester den schrecklichen Bannspruch. Dann blies er die Kerzenflamme aus und rief: „Die Seele des Schuldigen möge verlöschen wie dieses Licht!" Im selben Augenblick wurde der Verurteilte in ein Tier verwandelt und rannte wie toll davon: sieben Jahre lang mußte er in sieben Gemeinden umgehen. Er durfte sein schreckliches Geheimnis nicht lüften, sonst wurde er zu weiteren sieben Jahren verdammt. Wenn er von einer geweihten Kugel getroffen wurde, so war

Aus den „Phantasien des Herrn Oufle", von L. Bordelon, Paris 1754.

er erlöst. Verfehlte der Schütze aber sein Ziel, so wurde er auf der Stelle vom Werwolf gefressen."

Claude Seignolle hat die folgende hübsche Legende aus Quinsac in der Dordogne überliefert. Zur Strafe für seine Begehrlichkeit wird ein Mensch in einen Werwolf verwandelt. Der moralisierende Unterton ist sehr deutlich.

Der grüne Gürtel

Eines Tages kam ein großer, hagerer, bleicher Mann, angeblich ein fahrender Händler, zum Haus eines Pächters und bot den Leuten, die dort wohnten, ein paar Kleinigkeiten zum Kauf an, unter anderem einen grünen Gürtel. Der Mann machte einen so üblen Eindruck, daß der Pächter ihn schleunigst hinauswarf und den Riegel vorschob. War es ein Zufall? Im gleichen Augenblick erhob sich ein Sturmwind, und ein Donnerschlag war zu hören; dann gab es ein

Gewitter, das die ganze Nacht anhielt. Am nächsten Morgen öffneten sie die Tür, und siehe da, draußen an der Klinke hing der grüne Gürtel, der ihnen am Vortag angeboten worden war. Ohne weiter nachzudenken, nahm die Frau ihn in die Hand, befühlte ihn, und da er ihr gefiel, sagte sie zu ihrem Mann: „Ich würde ihn gerne nehmen, und wenn der Händler wiederkommt, können wir ihn ja bezahlen ... In der Zwischenzeit werde ich ihn behalten ...“ Aber ihr Mann war mißtrauisch, und der seltsame Abgang des Hausierers war ihm nicht geheuer. Deshalb weigerte er sich strikt, den Gürtel zu kaufen. „Nein, sagte er, am besten ist es, wir lassen ihn, wo er ist, und kümmern uns nicht mehr um ihn ... es würde mich nicht wundern, wenn der Teufel dahintersteckt.“ Widerwillig hängte die Frau den Gürtel wieder an seinen Platz und dachte bald nicht mehr daran. Erst abends, als ihr Mann schon schlief, erwachte ihre weibliche Neugier. Sie stand auf und legte den Gürtel des Unbekannten an.

Kaum hatte sie ihn um die Taille gelegt, als ihr auch schon ein dichtes, struppiges Fell zu wachsen begann. Nase und Mund verwandelten sich in eine Schnauze, und sie ging auf allen Vieren ... Sie geriet plötzlich in Wut, wurde bösartig und rannte zum Schafstall. Dort erwürgte sie ein Dutzend Schafe. Dann lief sie laut heulend die ganze Nacht lang durch das Dorf. Erst beim Morgengrauen hatte sie genug und kam zurück zum Hof, und nachdem es ihr endlich gelungen war, den grünen Gürtel abzulegen, verwandelte sie sich wieder in eine Frau. Sie begriff, daß der Gürtel eine teuflische Macht über sie hatte, und warf ihn in den Brunnen. Sie dachte, sie sei ihn endgültig los, und ging erschöpft zu Bett. Sieben Jahre lang ging sie nachts um. Abend für Abend mußte sie in den Brunnen hinabsteigen und den grünen Gürtel holen, der sie zum Werwolf (‚liberou‘) machte. Sie verschlang alle Schafe im Umkreis, und als kein Schaf mehr übrig war, fraß sie Kühe und Ochsen ... Sie hätte sogar sämtliche Kinder aufgefressen, aber inzwischen waren die sieben Jahre um. Eines Tages war der grüne Gürtel aus dem Brunnen verschwunden, und sie konnte endlich in Frieden leben.“

Adolf Hitler als „Onkel Wolf“. Karikatur von J. Y. Mas, 1939.

Wer waren diese Werwölfe? Waren es arme Teufel, Opfer des Aberglaubens der ländlichen Bevölkerung, die büßen mußten für Untaten, die in Wirklichkeit von Wölfen begangen wurden, obwohl man dies nicht wahrhaben wollte? Waren sie Tollwutkranke, bei denen die Krankheitssymptome besonders stark ausgeprägt waren? Wie viele Ärzte des 19. Jahrhunderts betrachtete auch G. Dumas die Lykanthropie als eine Art „Verwandlungswahn“ oder eine Geisteskrankheit, die mit Alpträumen verbunden war.

Jean Vartier ist eher der Meinung „daß die Lykanthropie eine Art Monomanie war, ähnlich dem Veitstanz. In schweren Notzeiten, in denen sogar Kannibalismus vorkam, mögen Horden von elternlosen, verlassenen Kindern davon befallen worden sein, so daß sie auf allen Vieren umherliefen; auch bei manchen Frauen könnte sie sich in einer ansteckenden Form von Hysterie geäußert haben.

Es ist auch nicht auszuschließen, daß es sich um eine „Lykanthropie ohne Bewegung“ handelte, im Sinne einer Bewußtseinserweiterung, die durch halluzinogene Pflanzen oder Drogen hervorgerufen wurde. Drogen wurden in ihrer ursprünglichen und sozusagen ‚hausgemachten‘ Form oft eingesetzt, um den Hunger zu vergessen. Wen wundert es also, wenn die ‚künstlichen Paradiese‘ unseren Vorfahren zu Beginn des 18. Jahrhunderts einen Märchenwald vorgaukelten, wo sie einmal herzhaft in ein zartes Stück Fleisch hineinbeißen konnten?

Aber andere Werwölfe der jüngsten Vergangenheit beunruhigen uns weit mehr als jene Hexenmeister, die von Bodin und Boguet zum Scheiterhaufen verurteilt wurden. Diese Bezeichnung, die schon immer im übertragenen Sinne benutzt wurde, um einen ungeselligen, mürrischen Einzelgänger zu charakterisieren, wurde von paramilitärischen Organisationen eines eher abstoßenden Typs wieder aufgegriffen. Adolf Hitler ließ sich gern ‚Onkel Wolf' nennen, und sein Hauptquartier, dem das Attentat vom 20. Juli 1944 galt, trug den Namen „Wolfsschanze."

Nach dem Ersten Weltkrieg gab es in Deutschland die ‚Organisation Werwolf', eine militärische Untergrundorganisation. Sie wurde im Jahre 1923 von Fritz Klappe gegründet und hatte sowohl den Nudismus als auch den Terrorismus auf ihre Fahne geschrieben. Sie funktionierte ähnlich wie die sizilianische Mafia und war ein Sammelbecken für nationalistische Kriegsteilnehmer, die sog. Werwölfe; unter dem schwarzen Totenkopfbanner wollten sie auch Zivilisten für ihre Sache gewinnen. Im Jahre 1945 rief Hitler in einer flammenden Rede zum Volkssturm auf und ließ die ‚Werwölfe' wieder aufleben: sie hatten die Aufgabe, die feindlichen Verbindungslinien zu stören.

Nach dem zweiten Weltkrieg gründete Otto Skorzeny, der Befreier Mussolinis, eine Widerstandsgruppe gleichen Namens. Auf ihr Konto gingen zahlreiche politische Morde und Gewalttaten.

Im österreichischen Tirol machte eine andere Bande von ‚Werwölfen' den Amerikanern zu schaffen. Eine Gruppe von Frauen aus Leipzig hatte die Taktik entwickelt, auf der Straße vorbeiziehende Truppen mit kochendheißem Wasser zu überschütten. Maurice Toesca hat in seinem Roman „Die Werwölfe" diese Widerstandbewegung gegen die Alliierten beschrieben.

Seit dem ‚Lai du Bisclavet' von Marie de France aus dem 13. Jahrhundert geht der Werwolf in den Gefilden der Literatur um, und auch im Horrorfilm hat er sich einen festen Platz erobert. Die Amerikaner sind ganz versessen auf Geschichten von Werwölfen, die in Zeitschriften wie „Ghost Stories" und „Weird Tales" veröffentlicht werden. Bedeutende

„Werwolf"-Banner in Leipzig, 1925.

Autoren haben sich dieses Themas angenommen: Peter S. Beagle, Rudyard Kipling, Leo Brett, Roger Harwood, Gilbert Campbell, Saki und Bram Stoker. In Frankreich wird das Genre durch Claude Seignolle vertreten, der sich besonders mit Teufelsgeschichten einen Namen gemacht hat. Der Werwolf geistert auch durch Horror-Comics wie ‚Creepy' und ‚Vampirella' oder Kinderzeitschriften wie ‚Tintin', in dem Bildergeschichten von Eric (z. B. Tetfol, der Prinz von Gévandan) und von Corin (Operation Wolf) erschienen sind.

Auch im Kino machte der Werwolf Karriere; er lieferte den Stoff zu über fünfzig Filmen. Wir wollen hier nur die berühmtesten Titel anführen:

1913 HenryMc Rae (USA): The Werewolf; 1942 Guillaume Radot (F): Le loup des Malveneur; 1943 Roy William Neill (USA): Frankenstein und der Werwolf; 1944 Henry Levin (USA): Die Tochter des Werwolfs; 1961 Terence Fisher (GB): Die Nacht des Werwolfs; 1962 Robert Frost (USA): Der erotische Vampir; 1964 Antonio Margheriti (Italien): Der Schrekken der Kirgisen; 1972 Daniel Petrie (USA): Moon of the wolf; 1973 Milton Ginsberg (USA): The Washington Werewolf; 1975 Freddie Francis (GB): Legend of the Werewolf; 1977 M. I. Bonns (Spanien): La maldicción de la bestia.

Märchen vom Wolf

Die Wolfsmärchen zerfallen in zwei große Gruppen. Zum einen sind es Tierfabeln, mit dem Wolf und einem anderen wilden oder Haustier als Hauptdarsteller, oder aber der Gegenspieler ist ein Bauer, Holzfäller oder Köhler. Der Wolf wird darin fast immer lächerlich gemacht, verprügelt oder totgeschlagen. Er ist ein Dummkopf, Angsthase, Tölpel und fällt auf jede List herein. Dieses Bild, das dem tatsächlichen Verhalten des Tieres in keiner Weise gerecht wird, entstand wohl aus dem Bedürfnis der Bauern, sich zu rächen für die Angst, die es ihnen – oftmals zu Unrecht – einflößte. In diesen Fabeln, die häufig einen moralisierenden Unterton haben, verhalten sich die Tiere genau wie Menschen; man unterlegt ihnen menschliche Worte, Gefühle und Handlungen. Sie stehen also ganz in der Tradition des Anthropomorphismus.

Im Märchen dagegen stehen Mensch und Wolf in einer ganz anderen Beziehung zueinander. Sie sind Gestalten aus einer Welt jenseits der Wirklichkeit. Teufel, die sich in Wölfe verwandeln, Werwölfe und Wolfsbändiger sind in diesen Erzählungen die Hauptpersonen.

Diese Art von Literatur wurde nur durch die mündliche Überlieferung weitergegeben; von Provinz zu Provinz und von Land zu Land folgte sie immer demselben Schema, dennoch entwickelte sie einen unerschöpflichen Formenreichtum, der eng mit der jeweiligen lokalen Kultur verwurzelt ist.

Im dritten Band ihres Werks „Le Conte populaire français" führt Marie-Louise Tenèze über fünfunddreißig Märchentypen an, in denen der Wolf als Haupt- oder Nebenfigur auftritt. Von manchen dieser Erzählungen, wie ‚Reineke Fuchs', existieren unzählige Varianten. Das am häufigsten verwendete Muster verwickelt Wolf und Fuchs in ein Abenteuer, bei dem sie sich ganz wie Menschen verhalten. Der schlaue Fuchs überlistet den Wolf, der als Einfaltspinsel dargestellt wird, und macht sich über ihn lustig. Diese Sichtweise ist tief in der Mentalität des Volks verwurzelt, und noch heute schreibt man dem Fuchs eine außerordentliche Intelligenz zu, obwohl er sicherlich nicht klüger ist als viele andere Tiere. Die mündliche Überlieferung fand auch ihren Niederschlag in verschiedenen Werken der Literatur. Eines der berühmtesten und vielleicht auch ältesten Beispiele ist der im 12. Jahrhundert entstandene ‚Roman de Renart'. In äußerst derber und drastischer Sprache schildert er den endlosen Kampf zwischen Reineke Fuchs und Isegrim, dem Wolf; die auftretenden Tiergestalten sollen die Lebenswelt, Eigenarten und Verhaltensweisen der verschiedenen Schichten der Gesellschaft veranschaulichen.

„Ich habe Isegrim soviel Leid zugefügt!" klagt der Fuchs im Roman. „Durch meine Schuld ist Isegrim dreimal in Gefangenschaft geraten; ich will Euch sagen, wie es dazu kam. Ich habe ihn

Kampf zwischen Reineke Fuchs und Wolf Isegrimm. Handschrift vom Ende des 13. Jhs.

in eine Wolfsfalle getrieben, als er ein Kaninchen fressen wollte, und bevor er sich aus seinem Gefängnis befreien konnte, hat er mindestens hundert Stockschläge bekommen. Ich habe ihn in der Futterkrippe schlafen lassen, und dort haben ihn die Schäfer entdeckt und fürchterlich verprügelt.

Der Pater im Kloster hatte 6 Schinken. Ich habe ihn soviel davon fressen lassen, daß er ganz aufgebläht war und nicht mehr durch das Loch nach draußen schlüpfen konnte. Ich habe ihn solange im eisigen Wasser sitzen lassen, bis sein Schwanz festgefroren war. Bei Vollmond habe ich ihn in einem Brunnen fischen lassen, und da hat er das Spiegelbild des Mondes im Wasser für einen Käse gehalten. Ich habe ihn auch mit dem Leiterwagen im Stich gelassen. Hunderte von Malen habe ich ihn übertölpelt und überlistet. Ich habe ihn dazu gebracht, sich den Bauch so sehr vollzuschlagen, daß er kugelrund wurde, wenn ich ihm Fleisch zu fressen gab. Eigentlich müßte man mir das Fell über die Ohren ziehen wegen der Schande, die ich ihm angetan habe."

Der kranke Esel und die Wölfe. Illustration zu den Fabeln des Äsop von E. Griset, um 1880.

Hier werden fast alle üblen Streiche aufgezählt, die aus der mündlichen Erzähltradition bekannt sind. Der Fuchs kann trotz seiner Verschlagenheit mit der Sympathie der Zuhörer rechnen. Zwar nennt man ihn „Rotfuchs", oder „Stinker", aber das ist eher freundschaftlich gemeint, und nur selten macht man sich über ihn lustig. Der Wolf dagegen zieht immer den Kürzeren. Maurice Toesca erklärt in seiner Einführung zum „Roman de Renart": Man kann sich die Sache so erklären, daß der Fuchs den Bauern nur ihre Hühner stahl; der Wolf hingegen bedrohte ihr Leben, ihre Kinder und ihre Pferde. Die Angst vor dem Wolf und der Haß auf ihn gehörten wohl zu den Urerfahrungen der Menschen in unserem Lande. Niemand aus dem Publikum hatte Mitleid mit Isegrim, und Reineke Fuchs konnte immer mit Nachsicht rechnen, wenn er ihm einen schlimmen Streich gespielt hatte.

Die folgenden Erzählungen stellen eine Auswahl der verschiedensten Wolfsmärchen dar; sie wurden dem Kapitel „Tiermärchen" im Band III der ‚Contes populaires français' von Marie-Louise Tenèze entnommen.

Gevatter Fuchs

Es war einmal ein Wolf, der mit dem Fuchs im Obergarten hinter dem Dorf Getreide mähte. Als Vesper hatte man ihnen einen Topf Dickmilch mitgegeben. Gefräßig wie er war, mußte der Fuchs aber andauernd an den Topf Dickmilch denken, und er überlegte sich, wie er es wohl anstellen könnte, ihn allein aufzuessen. „Ich hab's," sagte er zu sich, „ich werde dem Wolf erzählen, daß man mich ruft, um Pate zu stehen."

Auf einmal sagte er zum Wolf: „Verflixt, eben hat man mich gerufen, ich soll Pate werden." „Gut, dann geh doch hin," sagte der Wolf, „ich mähe allein weiter!" Als der Fuchs zurückkam, frage er ihn: „Wie heißt denn dein Patenkind?" „Gut-Angefangen" sagte der Fuchs, und sie mähten weiter. Kurz darauf sagte der Fuchs wieder: „Verflixt, jetzt ruft man mich schon wieder, damit ich Pate stehen soll." „Na, dann mußt du eben noch einmal hingehen," sagte der Wolf. Als er zurückkam, fragte er ihn wieder: „Wie heißt denn dein Patenkind?"

„Halbleer". „Das sind aber recht seltsame Namen," sagte der Wolf. Ein wenig später fängt der Fuchs wieder an: „Verflixt, man braucht mich schon wieder als Paten." „Man ruft dich recht oft, aber meinetwegen geh hin," sagte der Wolf. Als er diesmal zurückkam, fragte er ihn wieder nach dem Namen des Patenkindes. „Gut-Ausgeleckt", antwortete der Fuchs. „Jetzt ist Vesperzeit", sagte der Wolf, „du warst ja Pate und hast sicher nicht soviel Hunger wie ich, aber ich bin sehr hungrig, wir wollen vespern gehen."

Aber als sie zum Korb kamen, war der Topf mit Dickmilch leer. „Na," sagte der Wolf, „das sieht dir wieder ähnlich. Mir hast du vorgemacht, man riefe dich, um Pate zu stehen, und stattdessen bist du hierher gelaufen und hast die Dickmilch aufgefressen. Jetzt geht mir auch auf, warum deine Patenkinder ‚Gut-Angefangen', ‚Halbleer' und ‚Gut-Ausgeleckt' hießen. Ich habe aber immer noch Hunger, und was soll ich nun essen?" „Reg dich nicht auf," sagte der Fuchs, „der Gutsherr hat ein Schwein geschlachtet. Wir wollen hingehen, klettern durch das Abflußloch hinein und schlagen uns den Bauch voll."

Das taten sie auch, und nachdem sie tüchtig gefressen hatten, paßte der Fuchs zwar noch durch das Loch, der Wolf aber hatte sich einen so dicken Bauch angefressen, daß er nicht mehr herauskommen konnte. „Warte", sagte der Fuchs, „dreh dich um, dann kann ich dich am Schwanz herausziehen!" Und er zog so fest, daß er den Schwanz abriß. „Du hast mich ja schön zugerichtet", sagte der Wolf, „jetzt ist mein Schwanz weg." „Schon gut", erwiderte der Fuchs, „die Gutsherrin hat Hanf zur Röste gebracht; ich werde dir daraus einen neuen Schwanz machen." Und er machte ihm einen schönen Hanfschwanz.

Dann sahen sie einige Hirten, die auf der Wiese von Breuil in fröhlicher Runde beisammen saßen. „Komm, wir wollen zu ihnen gehen, jetzt wo wir uns sattgefressen haben, könnten wir mit ihnen ein paar Runden um das Feuer tanzen!" Gesagt, getan. Als sie einige Zeit getanzt hatten, sagte einer: „Wir wollen doch mal sehen, wer am besten durch das Feuer springen kann!" Der Fuchs sprang leicht und behende darüber, aber der Wolf, der viel schwerer war, konnte nicht so hoch springen. Er dachte auch gar nicht mehr an seinen Schwanz aus Hanf, der sofort Feuer fing und verbrannte. Und da hatte er keinen Schwanz mehr.

(In Lothringen vor 1913 von L. Zelikzon aufgezeichnet.)

Der Wolfsschwanz am Glockenseil

Wolf und Fuchs gingen einmal in eine Kirche, um dort Honig zu fressen. Der Wolf fraß soviel davon, daß er, als er wieder durch das Katzenloch schlüpfen wollte, nicht mehr hinauskonnte. Der Fuchs sagte zu ihm: „Ich will dir sagen, was du tun mußt: häng dich an das Glockenseil und läute die Glocken. Dann wird schon jemand kommen und nachsehen, was los ist, und wenn die Tür aufgeht, verdrückst du dich." Als der Kirchendiener das Läuten hörte, kam er zur Kirche und öffnete die Tür. Der Wolf sprang blitzschnell hinaus, aber als die Tür zufiel, blieb sein Schwanz eingeklemmt.

Und alle Leute, die den Wolf ohne Schwanz vorbeilaufen sahen, fingen an zu rufen: ‚Der Gestutzte, der Gestutzte!' Der Fuchs aber sagte zu ihm: „Dort drüben sind Frauen beim Hanfbrechen. Ich werde laut rufen: ‚Der Wolf kommt!', dann laufen sie fort, und du kannst dir ein Bündel Hanf stehlen, damit ich dir einen neuen Schwanz machen kann."

Gesagt, getan, aber als die Leute den Wolf mit dem Wergschwanz vorbeilaufen sahen, riefen sie: ‚Der Filzschwanz, der Filzschwanz!' Der Fuchs sagte wieder zu ihm: „Da hinten haben die Hirten ein Feuer. Ich werde schreien: ‚Der Wolf ist bei den Lämmern.' Dann laufen sie fort, und wir können zum Feuer, um deinen Schwanz anzusengen."

Das taten sie auch. Aber als die Leute den Wolf mit seinem angesengten Schwanz vorbeilaufen sahen, riefen sie: ‚Der Brandschwanz, der Brandschwanz!'. Da sagte der Wolf zum Fuchs: „Du bist schuld an all dem Mißgeschick, das mir passiert ist: zur Strafe werde ich dich jetzt auffressen." Da lief der Fuchs schnell weg. Unterwegs sah er einen Fuchsbau und versteckte sich darin. Der Wolf, der ihm auf den Fersen war, steckte seine große Pfote in die Höhle und bekam die Hinterpfote des Fuchses zu fassen. „Jetzt habe ich dich," sagte er. Aber der Fuchs antwortete: „Du glaubst, du hättest meine Pfote gepackt, aber du hältst ja nur eine kleine Wur-

zel fest!" Der Wolf war dumm genug zu glauben, er hätte eine kleine Wurzel erwischt, zog seine Pfote zurück, und der Fuchs verkroch sich in den hintersten Winkel des Baues.

(Aufgezeichnet in Loze (Tarn-et Garonne) im Jahre 1904; aus: Contes de la vallée de la Bonnette, 1924.)

Ein schöner Traum, der übel ausgeht.

Ein Wolf lag schlafend im ‚Ractel' und träumte, daß er viele schöne Sachen fände. Nach dem Aufwachen lief er los, und als er das Gäßchen überquerte, fand er einen Schinken und kostete ein Stück davon. „Ach, der ist versalzen, sicher finde ich noch etwas Besseres," sagte er.

Er lief weiter, und als er den Weg nach Villers kreuzte, fand er eine schöne Speckseite und biß hinein. „Ach", sagte er sich, „der ist zu ranzig, ich finde sicher etwas Besseres."

Ein wenig weiter, am Galgenberg, begegnete er einer Stute mit ihrem Fohlen. „Du mußt mir dein Fohlen geben," sagte er zu ihr. „Wenn du es willst, kannst du es haben", sagte die Stute, „aber vorher mußt du mir noch einen Dorn aus meinem Huf ziehen." Der Wolf geht also zu ihr, aber die Stute versetzt ihm einen kräftigen Tritt, schlägt ihm die Schnauze zu Mus, und schon ist sie ihm mit ihrem Füllen entwischt.

Da wurde der Wolf langsam nachdenklich. „Dieser Schinken vorhin war gar nicht versalzen; ich hätte ihn gern gefressen. Der Speck war auch nicht ranzig; eigentlich hätte ich ihn fressen sollen. Bin ich vielleicht ein Hufschmied, daß ich der Stute einen Dorn aus dem Huf ziehen muß? Ich hätte ihr Füllen auch gleich auffressen können!"

Danach lief er nach „Fausses-Eaux". Dort traf er eine Sau mit ihren Ferkeln. „Aha, das ist genau das Richtige für mich," sagte er zu der Sau. „Du mußt mir eines von deinen Ferkeln geben." „Sie sind zu schmutzig," sagte die Sau, „so kannst du sie doch nicht nehmen. Warte ein wenig, ich will sie erst sauber waschen." Da sprang die Sau mit ihren Schweinchen in die Furt und brachte sie schnell nach Hause in ihren Stall. Der Wolf hatte das Nachsehen.

„Ach", sagte der Wolf, „was bin ich doch für ein Dummkopf. Dieser Schinken da war gar

Holzschnitt zu den Fabeln des Äsop, 18. Jh.

Joignant la force à la prudence,
On met toute entrèprise à bout:
Heureusement pour l'innocence
Qu'un méchant ne prévoit pas tout.

nicht versalzen, und der Speck war auch nicht ranzig, ich hätte gern davon gefressen. Bin ich ein Hufschmied, daß ich dieser Stute da einen Dorn aus dem Huf ziehen muß? Das Fohlen hätte ich auch gerne gehabt. Diese Schweinchen da waren gar nicht zu schmutzig, ich hätte sie auch so genommen."

Dann kam er zum ‚Nid de la Sugne'. Dort war ein Schäfer mit seiner Herde, und zwei Böcke kämpften gerade miteinander. „Einer von den beiden ist für mich," sagte der Wolf. „Komm her, stell dich in die Mitte zwischen uns," sagten sie, „dann kannst du dir einen von uns aussuchen." Unser Einfaltspinsel stellt sich wirklich in die Mitte. Die beiden Böcke nehmen einen Anlauf und versetzen ihm mit ihren Hörnern einen kräftigen Stoß in den Bauch, so daß er Purzelbaum schlägt, und flüchten dann mit der ganzen Herde. Es war jammerschade: er hatte doch einen so schönen Traum gehabt, und dann wurde nichts daraus.

Er lief zum Wald von St. Laurent zu der Hütte des Köhlers und beklagte sein Mißgeschick: „Dieser Schinken da war nicht versalzen, ich hätte gern davon gefressen. Dieser Speck da war nicht ranzig, auch von dem hätte ich gern gefressen. Bin ich vielleicht ein Hufschmied, daß ich dieser Stute da einen Dorn aus dem Huf ziehen soll? Ich hätte gern ihr Fohlen geholt. Diese Schweinchen waren nicht zu schmutzig, ich hätte sie gern so gehabt, wie sie waren. Ich brauchte mir von den beiden Böcken gar keinen auszusuchen, ich hätte nur den ersten besten nehmen sollen. Ich bin so wütend auf mich, daß ich wünschte, der Köhler wäre in seiner Hütte und hackte mir den Schwanz dicht am Hintern ab!"

Nun war der Köhler gerade in der Hütte, und da nahm er sein Beil und hackte ihm den Schwanz ab. „Au, au," schrie der Wolf, „das habe ich doch nur im Scherz gesagt!" „Mein Gott," antwortete der Köhler, „dann hättest du besser den Mund gehalten."

Wenn ihr einem Wolf begegnet, dem der Schwanz fehlt, dann ist es bestimmt der, der einen wunderschönen Traum hatte, welcher dann ein so klägliches Ende nahm.

Der Wolf und der Fuchs im Brunnen

Der Wolf begegnete dem Fuchs, und er sagte zum Fuchs: „Ach, da bist du ja, gleich wirst du gefressen!" „Bitte, bitte, tu mir das nicht an!" „Na, dann besorge mir etwas zu fressen!" „Ich werde schon etwas finden." „Was willst du mir besorgen? Ich will einen Laib Käse." „Oh, ich werde schon einen finden."

Sie liefen durch drei Obstgärten, dann kamen sie bei den Benjamins um die Ecke und dann durch den Garten der Chalandres. Schließlich kamen sie zum Hof der Fortunats. Dort stand ein Brunnen, nur hatte dieser Brunnen einen hohen Rand, und zwei Eimer hingen an einem Seil, das über eine Rolle lief.

„Wo hast du mich hingeführt, ich sehe ja gar nichts!" „Warte doch, dort unten sehe ich etwas liegen, es ist bestimmt ein Käse." Der Mond spiegelte sich im Wasser des Brunnens. Der Fuchs stieg in den Brunnen und rief nach oben: „Hier ist ein riesengroßer Käse, komm doch mit dem anderen Eimer herunter!" Da der Wolf schwerer war als der Fuchs, sauste er mit dem Eimer in die Tiefe, und der Fuchs kam wieder nach oben. „Also auffressen wolltest du mich! Nun sieh zu, wie du herauskommst, mich kriegst du nicht!" Der Wolf rief ihm zu: „Zieh mich hoch! Wenn ich dich erwische, dann werde ich dich fressen!" Aber er konnnte ihn nicht mehr erwischen, weil er ertrunken ist.

Die Teilung der Ernte

Der Fuchs und der Wolf wohnten einmal zusammen in einer Höhle. Der Wolf war ein Vielfraß, und oft ließ er dem Fuchs nichts zu fressen übrig. Eines Tages hatte dieser von der Gefräßigkeit des Wolfes genug und sagte deshalb zu ihm: „Wolf, so kann es nicht weitergehen, du hast einen zu großen Appetit. Wir müssen uns die Ernte teilen, so daß jeder seinen Anteil erhält, und wer dann nicht damit auskommt, den trifft selbst die Schuld." Gesagt, getan.

Als die Zeit zur Aussaat kam, sagte der Fuchs zum Wolf: „Wolf, welchen Teil der Ernte willst du? Das was über der Erde wächst, oder das, was darunter wächst?" Der Wolf senkte den Kopf, knirschte mit den Zähnen, wedelte mit dem Schwanz und sagte schließlich nach langem Überlegen: „Ich will das haben, was unter der Erde wächst." „Also gut, du bekommst das, was unter der Erde ist."

In diesem Jahr wollte der Fuchs Getreide säen. Als es reif war, mähte er das Feld ab und erntete Stroh und Körner. Dem Wolf blieben nur die Stoppeln und Wurzeln, denn er wollte ja das haben, was unter der Erde war. „Fuchs," sagte der Wolf, „dieses Jahr hast du mich übers Ohr gehauen, aber warte nur das nächste Jahr ab." Als wieder die Zeit zur Aussaat kam, sagte der Fuchs zum Wolf: „Nun, welchen Teil willst du diesmal haben, Wolf?" „Dieses Jahr, du Lump, will ich das haben, was über der Erde wächst." „Schon gut, du sollst es auch bekommen!"

Diesmal wollte der Fuchs Kartoffeln anpflanzen, weil er im Jahr zuvor Getreide gesät hatte. Als die Zeit zur Ernte kam, sagte der Fuchs zum Wolf: „Geh und hol dir deinen Teil, wie abgemacht!" Der Wolf schnitt das Kartoffelkraut ab. Dann war der Fuchs an der Reihe, seinen Anteil zu holen, und er füllte seinen Keller mit Kartoffeln.

Da der arme Wolf schon das ganze letzte Jahr gehungert hatte und auch in diesem Jahr Hunger leiden mußte, kam es schließlich soweit, daß er jämmerlich zugrunde ging. Darum merkt euch eins: Die Dummen werden immer von den Schlauen übers Ohr gehauen.

(Im Jahre 1900 bei den Schulkindern von Comberouger (Tarn-et-Garonne) unter der Leitung von Antonin Perbose aufgezeichnet.)

Der Wolf und das Eichhörnchen

Eines Tages sah der Wolf ein Eichhörnchen, das ganz oben auf einem Baum saß. Da er es gerne gefressen hätte, dachte er sich die folgende List aus. Er sagte zum Eichhörnchen: „Ach lieber Freund, dein Vater war viel flinker als du, er wäre von dem Baum, auf dem du sitzt, bis zu dem da drüben gesprungen!" Und er zeigte ihm einen Baum, der ziemlich weit entfernt war. Das stachelte natürlich den Ehrgeiz des Eichhörnchens an, und es sprang los. Genau wie der Wolf gehofft hatte, kam es nicht bis zum anderen Baum, sondern fiel herunter. Mit zwei Sätzen war der Wolf bei ihm, packte es mit seinen Pfoten und schickte sich an, das arme Eichhörnchen zu verschlingen. Da sagte es zu ihm: „Ach, dein Vater war viel rechtschaffener als du, der hätte nichts gefressen, ohne vorher ein Kreuzzeichen zu machen." Der Wolf, der seinem Vater nicht nachstehen wollte, schickte sich an, das Kreuz zu machen. Auf diesen Moment hatte das Eichhörnchen gewartet, um ihm zu entschlüpfen. Es lief zu einem Steinhaufen, der mit Gestrüpp überwuchert war, aber der Wolf, der es verfolgte, bekam seine Hinterpfoten zu fassen. „Nun zieh schon, Wolf, so fest du kannst, es sind ja doch nur die Wurzeln eines Busches." Da glaubte der Wolf, er hätte sich geirrt, und ließ das Eichhörnchen los. Auf diese Weise konnte es sein Leben retten.

(1876 in Vals, Dép. Ardèche aufgezeichnet; in E. Rolland: Faune Populaire.)

Der Wolf von Saint-Léger

Es war einmal ein reicher Mann, der hatte einen großen Wald dort oben in Saint-Léger. Eines Tages ging er zum Markt nach Saint-Bonnet und traf dort einen Mann aus Saint-Léger, der zu ihm sagte: „Du solltest in deinem Wald nach dem Rechten sehen. Ich glaube, da sind Leute, die dir dein Holz stehlen wollen." Als er vom Markt zurückkam, sagte er deshalb zu seiner Frau: „Morgen muß ich in meinen Wald gehen, man stiehlt mir Holz." Am nächsten Morgen machte er sich also auf nach Saint-Léger, um nach seinem Wald zu sehen. Dort begegnete er einem Wolf, der in einem Baumstamm eingeklemmt war. Dieser sagte zu ihm: „Ach, guter Mann, wenn du mich doch befreien könntest! Schon drei Tage bin ich hier, ich habe großen Hunger und komme hier nicht mehr heraus!" Der Mann antwortete ihm: „Wenn ich dich losmache, dann frißt du mich auf." „Nein, nein, ich werde dich ganz bestimmt nicht auffressen, das verspreche ich dir." Also befreite ihn der Mann, und als er los war, da sagte der Wolf: „Seit drei Tagen habe ich nichts gefressen; vielleicht sollte ich dich doch auffressen?" „Aber du hast mir doch fest versprochen, daß du mich nicht frißt!" Da sagte der Wolf: „Gut, wir wollen einen Handel abschließen: wir gehen weiter, und wenn die drei ersten Tiere, die wir unterwegs treffen, mir sagen, daß ich dich fressen soll, dann tue ich es. Wenn sie aber anderer Meinung sind, dann lasse ich dich laufen."

Sie machten sich also auf den Weg. Da trafen sie einen alten Hund. Ihm erzählten sie ihre Geschichte, und der alte Hund meinte: „Also, du kannst ihn fressen, meinetwegen kannst du ihn fressen. Ich habe mein ganzes Leben lang die Schafe gehütet, nachts hütete ich das Haus, und heute haben sie mich mit dem Stock aus dem Haus gejagt."

Da liefen beide weiter und trafen einen alten, lahmen Gaul, ein Pferd, das nicht mehr laufen konnte. Auch ihm erzählten sie die Geschichte. Da sagte das Pferd: „Ach, ich habe mein Lebtag für einen Mann gearbeitet, er hat mich mit der Peitsche angetrieben, und ich mußte den Pflug ziehen: jetzt siehst du, wie es mir geht, ich bin auf der Weide und habe nichts zu beißen. Laufen kann ich nicht mehr, und ich muß auch nachts draußen schlafen." Nun, das waren schon zwei Tiere. Da fing der Mann an zu zittern. Und sie liefen und liefen, aber sie trafen niemanden mehr.

Plötzlich sahen sie einen Fuchs oben auf der Straße, und sie gaben ihm ein Zeichen. „Was ist los?" fragte der Fuchs. Der Wolf erzählte ihm die Geschichte. Da sagte der Fuchs: „So kann ich dazu nichts sagen, erst müßte ich sehen, wie du im Baum gesteckt hast!"

Alle drei machten sie sich auf und liefen nach Saint-Léger zurück, um dem Fuchs zu zeigen, wie ihn der Mann angetroffen hatte. Der Wolf klemmte sich wieder im Baum fest, und als er festsaß, sagte der Fuchs zu ihm: „Ach, so war es, na dann bleib mal schön weiter so sitzen." Und der Mann ging mit dem Fuchs weg.

(Märchenfragment aus Gap (Hautes-Alpes) im Jahre 1959 aufgezeichnet; in Ch. Joisten, Contes populaires du Dauphiné, 1971).

Die alte Frau und der Wolf

Es war einmal eine uralte Frau, die allein mitten im Wald wohnte. Jeden Tag ging sie Holz sammeln, aber bevor sie das Haus verließ, kochte sie sich einen Haferbrei und stellte ihn zum Abkühlen auf den Tisch. Eines Tages, als sie zurückkam, war der Topf leer, und so erging es ihr auch an den folgenden Tagen. Sie ahnte, daß der Wolf in ihrer Abwesenheit hergekommen war und ihren Brei aufgefressen hatte.

Da kochte die Alte einen großen Topf Brei und stellte einen großen Kessel Wasser aufs Feuer. Sie ging aus dem Haus, kam aber bald wieder zurück. Da war der Breitopf wieder leer, und als sie sich umschaute, da sah sie unter dem Bett die Augen des Wolfs leuchten.

Schnell nahm sie das kochendheiße Wasser, schüttete es über den Wolf und verbrühte ihm seinen Pelz. Er lief wie wild umher und versuchte, durch das Fenster zu entkommen. Weil er aber zuviel gefressen hatte, kam er nicht mehr durch das Gitter. Die ganze Zeit über besprengte ihn die Alte mit kochendem Wasser und ließ ihn erst hinaus, als es alle war. In den nächsten Tagen ließ der Wolf sich nicht mehr blicken, und die Alte lachte von ganzem Herzen über den Streich, den sie ihm gespielt hatte.

Nach einiger Zeit war die Alte wieder im Wald und begegnete dort dem Wolf. Auch er hatte sie erkannt und fing laut an zu heulen, um seine Kameraden zu Hilfe zu rufen. Da kamen sie von allen Seiten herbei, Alte und Junge. Sie rotteten sich zusammen und wollten sich auf die Alte stürzen. Als sie sich gar nicht mehr zu helfen wußte, kletterte sie schnell auf einen Tannenbaum. Sofort sammelte sich das Wolfsrudel unter dem Baum und versuchte, an sie heranzukommen. Aber wie?

„Am besten, wir stellen uns aufeinander", sagte einer, „wer soll zuunterst stehen?" „Ich", sagte der Verbrühte und krallte sich am Stamm fest. Der zweite kletterte auf ihn, dann der Dritte, der Vierte, der Fünfte und der Sechste. Der Siebte konnte sie schon fast erreichen. Die gute Frau, die ihr letztes Stündlein kommen sah, zitterte wie Espenlaub, und vor Angst mußte sie pissen. Die Tropfen fielen auf den verbrühten Wolf, der glaubte, daß sie ihn wieder mit kochendem Wasser übergoß. Er ließ los und verschwand heulend im Gebüsch. Seine Kameraden, die nach der Alten schauten, purzelten schneller herunter, als sie hinaufgeklettert waren. Bei dem Sturz wurden sie schwer verletzt: Die einen hatten die Pfoten, die anderen die Rippen gebrochen. Sie heulten ganz schrecklich durch den ganzen Wald und wollten sich für die Feigheit ihres Genossen rächen. Ein wenig später trafen sie ihn und fraßen ihn auf.

Von diesem Tag an wagte sich kein Wolf mehr in ihre Hütte, und ihr Leben verlief so friedlich, daß sie ihr Alter vergaß und sich überhaupt nicht mehr erinnerte, wann sich diese Geschichte ereignet hatte.

(Aufgezeichnet in Carnac im Morbihan; Z. Le Rouzic; Carnac, légendes, traditions, coutumes et contes du pays. 1909.)

Illustration von A. Buquet zur „Sage vom weißen Wolf“, 1864.

Der Löwe, der Wolf und der Fuchs

Wie ihr wißt, hatten früher die Tiere einen König, und dieser König war der Löwe. Eines Tages wurde der König sehr krank, und alle Tiere kamen herbei und wollten ihm helfen, wieder gesund zu werden. Da ging der Wolf zum Fuchs und sagte zu ihm: „Mein armer Fuchs, du mußt zu unserem König, weil er sehr krank ist, und versuchen, ihn gesund zu machen." Unser Fuchs antwortete: „Ach, was schert mich unser König, er kümmert mich nicht mehr als du. Von mir aus könnt ihr beide verrecken!"

Der Wolf lief schnell zum König. „Guten Tag, Majestät, wie geht es Euch?" „Kaum besser, mein lieber Wolf!" „Ich hätte gern den Fuchs mitgebracht, aber er sagte, daß er sich um den König genau so wenig schere, wie um mich. Sollen wir doch beide verrecken." „Na sowas, den werde ich hart bestrafen."

Plötzlich eilte der Fuchs ganz außer Atem herbei. „Guten Tag, Euer Gnaden, wie geht es Euch? Seit vier Tagen laufe ich nun schon herum, um ein Heilmittel für Euch zu finden." „Was für ein Mittel?" – „Mein lieber König, ihr müßt einem Wolf bei lebendigem Leib das Fell abziehen und euch darin einwickeln."

Aus den Abenteuern des Baron Crac. Bilderbogen aus Epinal, 19. Jh.

Der Wolf, der daneben stand, sagte darauf: „Oh, aber ohne mich, ich bin viel zu alt!" – „Wie alt bist du, Wolf?" – „Sieben Jahre bin ich alt." – „Du hast genau das richtige Alter." Da machten die Diener sich schnell daran, dem Wolf bei lebendigem Leibe das Fell über die Ohren zu ziehen, und sie ließen nur ein paar Haare an den Ohrenspitzen stehen. Wenn ihr gesehen hättet, wie häßlich das arme Tier aussah!

Als der Wolf nach Hause kam, erkannte ihn keiner mehr wieder. Der arme Teufel lebte noch drei oder vier Tage, und dann ging er elend zugrunde. Der König aber wurde wieder gesund. Er ließ den Fuchs zu sich rufen und verlieh ihm einen Orden.

(Aufgezeichnet in Lussac (Vienne); in: L. Pineau, Les contes populaires du Poitou, 1891.)

Der Werwolf im Feenwald

Jeden Samstag konnte man im Feenwald in der Picardie einen Mann sehen, der sich, nachdem er seine Kleider hinter einem Busch abgelegt hatte, im Schlamm eines Weihers wälzte und sich dabei in einen Werwolf verwandelte. Das war der Werfwolf vom Orvillerwald. Der Werwolf lief sogleich nach Orviller oder Thièvres, schlich sich heimlich in einen Schafstall ein und stahl dort ein Schaf, das er nach dem Feenwald schleppte. Dann kamen die Hexen, Feen und der Teufel und machten ein großes Feuer. Sie brieten das Schaf, zerlegten es und aßen es gemeinsam mit dem Werwolf auf.

Eines Abends versteckte sich ein Mann im Gebüsch, um dem Werwolf aufzulauern; und er sah, wie dieser sich wieder in einen Menschen verwandelte, sobald sich die Sabbatrunde aufgelöst hatte. Der Werwolf war kein anderer als ein Bauer aus Thièvres.

Der Mann wartete am Waldrand auf ihn und fragte ihn, warum er sich in einen Werwolf verwandele. „Schon seit zehn Jahren", antwortete dieser, „muß ich jeden Samstag herkommen und mich im Schlamm des Feenweihers wälzen, um mich in einen Werwolf zu verwandeln. Dann muß ich ein Schaf stehlen, das den Sabbatbraten abgibt. Ich würde gerne damit aufhören, aber wenn die Stunde des Hexensabbats schlägt, bin ich vom Teufel besessen und muß mich gegen meinen Willen in einen Werwolf verwandeln.

In diesen zehn Jahren habe ich schreckliche Dinge gesehen und so manches Geheimnis erfahren. Um mich aus der Gewalt des Teufels zu befreien, müßtest du am nächsten Samstag zum Feenweiher kommen und einen großen Säbel so lange über deinem Kopf herumwirbeln, bis zu etwas berührst. Du wirst mich nicht sehen können, aber wenn du mich mit deinem Säbel verletzt, und auch nur ein einziger Tropfen Blut aus meiner Wunde fließt, so bin ich aus den Klauen des Satans erlöst."

Der Bauer versprach, sich genau an diese Anweisung zu halten. Am folgenden Samstag versteckte er sich am Feenweiher in einem Gebüsch und wartete. Da sah er, wie der Mann kam, sich in einen Wolf verwandelte und sich zu den Hexen, Feen und dem Teufel gesellte. Das Festmahl begann. Kurz darauf war der Werwolf verschwunden, und der Bauer schwenkte den Säbel über dem Kopf, so wie es abgemacht war. Es dauerte nicht lange, bis er etwas Festes traf, und der Werwolf stürzte verletzt zu Boden. Plötzlich war der Sabbat zu Ende, und Hexen und Teufel waren wie vom Erdboden verschluckt. Der Werwolf, der nur leicht verletzt worden war, kehrte ins Dorf zurück. Von diesem Tag an war er von seiner Besessenheit erlöst, und die Hexensabbate im Feenwald hörten auf.

(Erzählt von Jules Bonnel aus Thièvres (Somme) im Jahre 1880, in: E. H. Carney, Littérature orale de la Picardie.)

Die Wolfsmesse

Wölfe sind Tiere wie andere auch. Sie haben keine Seele. Mit dem Tod ist für sie alles zu Ende. Einmal im Jahr jedoch versammeln sich alle Wölfe des Landes, um der Messe beizuwohnen. Ein Wolfspfarrer, der seinen Beruf weiß Gott wie gelernt hat, liest die Messe. An Silvester, genau um die Mitternachtsstunde des letzten Tages im Jahr, steigt der Wolfspfarrer zum Altar empor. Es soll auch Wolfsbischöfe, Wolfserzbischöfe und einen Wolfspapst geben. Bisher hat sie jedoch noch niemand gesehen. Mit dem Wolfspfarrer ist es etwas anderes. Das kann ich euch beweisen.

Es war einmal ein rechtschaffener Mann, der in der Stadt Mauzevin im Gers den Beruf eines Wagners ausübte. Einer seiner Söhne ging bei ihm in die Lehre. Eines Abends nach dem Essen sagte der Vater zum Sohn: „Mein Junge, heute wirst du einundzwanzig Jahre alt. Alles was ich selbst kann, habe ich dir beigebracht, und du kannst es ebenso gut wie ich. Jetzt mußt du dich selbständig machen. Sieh dich ein wenig um und entscheide dich dann, wohin du gehen willst. Bist du erst einmal bekannt, so wirst du keine Mühe haben, dich zu verheiraten." „Ihr habt recht, Vater. Es wird Zeit, daß ich mich selbständig mache, und was das Heiraten anbetrifft, daran denke ich schon lange. Meine Angebetete wohnt in Montfort. Sie ist ein Mädchen, so hübsch wie keine andere und treu wie Gold. Ich will mich in Montfort als Wagner niederlassen."

Sieben Tage später hatte er sich dort eingerichtet, und es fehlte ihm auch nicht an Kundschaft. Sieben Monate später heiratete er sein Mädchen, und sie lebten beide glücklich und sorglos wie die Fische im Wasser.

An einem Winterabend, sieben Tage vor Silvester, waren der Wagner und seine Frau gera-

Aus: R. Gobin, Die reißenden Wölfe, 1510.

de beim Abendessen, als sie das Trappeln eines galoppierenden Pferdes hörten. Das Pferd hielt vor der Tür ihres Hauses an. „He, Wagner, he, Wagner“, rief der Reiter.

Der Wagner öffnete das Fenster und erkannte einen seiner Freunde aus Mauvezin. „Was willst du denn, mein Freund?“ „Wagner, ich bringe schlechte Nachrichten. Dein Vater ist sehr, sehr krank. Wenn du ihn noch einmal lebend sehen willst, hast du gerade noch Zeit genug, um nach Mauvezin zu fahren.“ „Vielen Dank, mein Freund, ich will mich sofort auf den Weg machen. Steig doch ab und trink ein Gläschen mit mir.“ „Danke, Wagner, ich habe woanders noch wichtige Geschäfte zu erledigen.“

Der Reiter verschwand in gestrecktem Galopp, und der Wagner ging sofort zum Wahrsager des Dorfes. „Guten Abend, Wahrsager“. – „Guten Abend, Wagner; ich weiß, warum du zu mir kommst. Dein Vater ist todsterbenskrank. Aber sei beruhigt, er wird nicht sterben. Doch er wird solange Höllenqualen leiden, bis er die richtige Arznei bekommt. Dieses Mittel ist der Schwanz eines Wolfspfarrers, und dein Vater muß ihn aufessen, so wie er ist, mit Haut, Haaren, Fleisch, Knochen und Knochenmark. Bist du bereit, alles zu tun, um dir diesen Wolfspfarrerschwanz zu beschaffen?“ „Wahrsager, ich will alles tun und werde dich auch gut dafür bezahlen.“ „Wenn dein Vater wieder gesund ist, werde ich mich mit meinen Händen an deinen Ohren schadlos halten.“ Kaum hatte er das gesagt, verwandelte er den Wagner in einen Wolf, der in großen Sätzen zum Wald von Boucon lief. Die Wölfe nahmen ihn in ihrem Rudel auf. Sechs Tage und sechs Nächte lang zog er mit ihnen aus, um Kälber und Schafe zu stehlen.

An Silvester, dem letzten Tag des Jahres, brauchten die Wölfe einen Meßdiener für die Mitternachtsmesse, die ein Wolfspfarrer mitten im Wald von Boucon lesen sollte. Da fragen die Wölfe untereinander: „Wer von uns könnte den Meßdiener abgeben?“ – „Ich“, antwortete der Wagner. „Also gut, Bruder, dann an die Arbeit“. Eine Stunde vor Mitternacht hatte der Wagner mitten im Wald einen Altar mit brennenden Kerzen errichtet. Vor dem Altar warteten die Wölfe auf den Wolfspfarrer, der genau um Mitternacht im Meßgewand eintraf. Die Messe begann also, und der Wagner diente bis zum letzten Evangelium. Dann verschwanden alle Wölfe in gestrecktem Galopp, und es blieben nur der Wolfspfarrer und der Meßdiener zurück.

„Warte, Wolfspfarrer, ich will dir helfen, dein Gewand abzulegen!“ Der Wagner näherte sich von hinten dem Pfarrer, schnappte zu und biß ihm den Schwanz dicht am Hintern ab. Der Wolfspfarrer aber lief laut heulend davon. Mit einem Mal befand sich der Wagner, ohne zu begreifen wieso, wieder im Hause des Wahrsagers. „Ah, du bist es, Wagner; schau doch einmal in diesen Spiegel.“ Der Wagner betrachtete sich im Spiegel. Er war wieder zu einem Menschen geworden, aber er hatte noch Wolfsohren, und zwischen seinen Zähnen hielt er den Schwanz des Wolfspfarrers.

„Wagner, jetzt ist der Augenblick da, mich mit meinen Händen an deinen Ohren zu bezahlen.“ Der Wahrsager riß ihm die beiden Wolfsohren ab, und sofort wuchsen ihm zwei Chri-

Der Wolfsgesang. Satire aus der Reformationszeit, von J. Vadian, Basel, 1520.

stenohren an ihrer Stelle. „Wagner, nun hast du, was du brauchst, um deinen Vater wieder gesund zu machen." – „Danke, Wahrsager."

Der Wagner ging schnell nach Mauvezin und gab seinem Vater den ganzen Schwanz des Wolfspfarrers zu essen, mit Haut, Haaren, Fleisch, Knochen und Knochenmark. Der Kranke wurde auf der Stelle gesund, und wenn er nicht gestorben ist, so lebt er noch heute.

(J. F. Bladé, Contes populaires de la Gascogne.)

Man erzählt, daß Musikanten, die nachts von einem Ball oder einer Hochzeit zu Fuß auf dem Heimweg waren, allein auf weiter Flur oder mitten im Wald manchmal von Wölfen verfolgt wurden. Oft mußten sie ihnen einen Kuchen oder einen Laib Brot überlassen, den sie als Lohn für den Abend bekommen hatten, aber manchmal reichte auch das nicht aus, um sie sich vom Leibe zu halten, und dann kam ihnen ihr Dudelsack zu Hilfe, wie viele Erzählungen zu berichten wissen. Diese Geschichte wurde im April 1971 von Monsieur Bret aus Boischaud im Département Indre erzählt.

„Es war meine Mutter, die mir die Geschichte eines Dudelsackpfeifers erzählte. Er hatte auf einer Hochzeit zum Tanz aufgespielt und mußte auf seinem Heimweg durch den Wald von Grammont gehen, und das zur Zeit der Wölfe.

Er hatte einen frischen Laib Brot in seinem Beutel, und auch seinen Dudelsack trug er bei sich. Als er stehen blieb, um sein Wasser abzuschlagen, erblickte er einen großen Wolf, der durch den Wald auf ihn zukam. Der hatte wohl das frische Brot gerochen. Der Dudelsackpfeifer kletterte mit seinem Brot und seinem Dudelsack auf einen Baum, aber der Wolf wartete unten auf ihn.

Da fragte er sich: ‚Wie soll ich es bloß anstellen, wieder herunterzukommen? Ich muß doch nach Hause, und es wird schon hell.' Er nahm seinen Dudelsack, blies ihn auf und ließ ihn an seinem Gürtel vor der Nase des Wolfes herunter. Der Wolf legte seine Pfote darauf, und der Dudelsack machte „Bäääh". Da bekam es der Wolf mit der Angst zu tun, und weg war er.

(D. Bernard, La fin des loups en Bas-Berry).

Aber das berühmteste Wolfsmärchen, das seit Hunderten von Jahren den Kindern Schauer über den Rücken jagt, und früher auch Generationen von Erwachsenen, ist das Märchen vom Rotkäppchen. Sein Ruhm kennt keine Grenzen. Auch hier wurde die mündliche Überlieferung von der „akademischen" Literatur vereinnahmt, und sein Erfolg geht wohl auf die beiden bekannten Autoren zurück, die es aufgegriffen, umgemodelt und in den Dienst der bürgerlichen Moral gepreßt haben: Charles Perrault und die Gebrüder Grimm.

Jeder kennt das Rotkäppchen. Das kleine Mädchen geht durch den Wald zu seiner Großmutter, um ihr eine Flasche Wein und einen Kuchen zu bringen, und begegnet unterwegs dem Wolf. Einem recht freundlichen Wolf übrigens, denn er spricht das Mädchen höflich an, fragt es, wohin es wolle, und erzählt ihm von Blumen, Schmetterlingen und anderen schönen Dingen des Waldes. Diesmal ist er der Schlaue, und er hat nichts anderes im Sinn, als ihre Arglosigkeit auszunutzen. Schnell läuft er zum Hause der Großmutter und frißt sie auf. Dann legt er sich statt ihrer ins Bett und wartet auf das Mädchen. Man weiß, wie es weitergeht.

Dann kommt das seltsame Frage- und Antwortspiel im Bett. Die Kinder sind davon hellauf begeistert, so, als ob es um sie selbst gehe.

Der Wolfsbändiger. Holzschnitt von Hardy, 1891.

Es ist ein Wortspiel: Großmutter, warum hast du so lange Beine, so große Ohren, so große Augen ... bis hin zu den schrecklichen Zähnen, und damit ist bei Perrault Rotkäppchens Schicksal besiegelt: „... und als er diese Worte ausgesprochen hatte, stürzte er sich auf das Rotkäppchen und verschlang es.“ Aber um die Moral der Geschichte besonders hervorzuheben, endet sie mit folgendem Epilog:

Ihr junge Leute, merkt euch dies:
gar manches junge Mägdelein
von hübschem Ansehn, hold und rein
durch Fremde sich betören ließ,
so daß es dann kein Wunder ist,
wenn der böse Wolf es frißt.
Der Wolf, so sagt man, ist ein Tier
das stets von übler Art gewesen,
doch mancher zeigt ein sanftes Wesen,
ganz ohne Wildheit, Wut und Gier.
Kann sich mit süßen Worten tarnen;
um junge Mädchen zu umgarnen;
sie folgen ihnen in Häuser und Gassen,
sie wissen ihnen zu gefallen
und sie sind doch die schlimmsten von allen.

Diese Version des Märchens, das ein schlimmes Ende hat, wurde gegen Ende des 17. Jahrhunderts von Charles Perrault verfaßt. Bei den Gebrüdern Grimm kommt das Märchen zu einem guten Ende. Es wurde ihnen 1812 von einer Bürgerstochter erzählt. Nachdem der Wolf die Großmutter und das Rotkäppchen gefressen hat, wird er von Jägern totgeschossen. Sie schneiden ihm den Bauch auf und befreien so seine beiden Opfer. Sie rufen aus: „Ach, was habe ich für eine Angst gehabt! In seinem Bauch war es so schrecklich dunkel!“

Rotkäppchen. Marionetten aus dem Theater Dulaar, Blois, 19. Jh.

Rotkäppchen. Aus einem französischen Modemagazin, um 1900.

Aber Yvonne Verdier weist darauf hin, „daß die mündliche Tradition in vielen französischen Provinzen dieses Märchen ganz anders erzählt, und es läßt sich nachweisen, daß es von der literarischen Fassung völlig unbeeinflußt blieb. Es wurde vor allem zu Beginn des 19. Jahrhunderts im Loirebecken, im Nivernais, in Forez und in Velay, in neuerer Zeit auch in den nördlichen Alpen aufgezeichnet, und zwar direkt von den Erzählern, und es enthält Motive, die die literarische Tradition völlig unter den Tisch fallen ließ.

In seinem Werk „Le Conte populaire français“ sammelte Paul Delarue eine Reihe verschiedener Versionen des Märchens, die sich von Gegend zu Gegend in Einzelheiten oder durch den Ausgang der Geschichte unterscheiden. Aus der Großmutter wird oft die Mutter, Tante oder Patin – alles Personen, die bei der Erziehung eines jungen Mädchens eine wichtige Rolle spielen. Das rote Käppchen selbst, das dem Märchen seinen Namen gab, scheint eine Erfindung Perraults zu sein, denn es taucht in keiner der anderen bekannten Versionen auf. Manchmal endet die Geschichte tragisch mit dem Tod der Großmutter und des Mädchens. Die meisten gehen jedoch gut aus, und das kleine Mädchen kann entkommen, bevor es aufgefressen wird. Ein wesentlicher Unterschied gegenüber der Erzählung Perraults besteht jedoch darin, daß das Rotkäppchen fast immer zusammen mit dem Wolf bei einer Art Opfermahl die Reste der Großmutter verspeist.

Auch die Psychoanalyse nahm sich des Märchens an. Freud, Bruno Bettelheim, Marc Soriano, Pierre Péju, Yvonne Verdier und viele andere haben seine Symbolik und seinen tieferen Sinngehalt zu deuten versucht. Letztere meint: „Der eigentliche Sinn des Märchens besteht darin, auf die Notwendigkeit eines biologischen Wandels bei der Frau hinzuweisen, wobei die Alten von den Jungen verdrängt werden, aber noch zu ihren Lebzeiten: die

Rotkäppchen. Holzschnitt von G. Doré, 19. Jh.

Rotkäppchen. Bilderbogen aus Epinal, 19. Jh.

Töchter nehmen den Platz ihrer Mütter ein, und der Kreis schließt sich, wenn die eigenen Kinder ihrerseits wieder Kinder haben. Die Moral der Geschichte lautet also: Die Großmütter werden aufgefressen." Und was hat der Wolf in dieser Geschichte von Frauen für Frauen zu suchen? Er ist wohl dazu da, damit die jungen Mädchen begreifen, daß sie vom Mann aufgefressen werden, ganz wie ihre Mütter und Großmütter. Es gibt da eine Entkleidungsszene, die sich besonders zur Aufklärung über sexuelle Dinge eignet. Gleichzeitig hat sie auch die Funktion, den Übergang vom Mädchen zur Frau mit den entsprechenden Attributen zu verdeutlichen: „Wo soll ich meine Schürze ablegen?" fragt das Mädchen in einer Version aus dem Nivernais. „Wirf sie ins Feuer, mein Kind, du brauchst sie doch nicht mehr." antwortet der Wolf. Und so geht es weiter mit dem Kleid, dem Unterrock, dem Schlüpfer, dem Leibchen ...

Er, der Wolf, ist als männliches Wesen in der ganzen Geschichte anwesend und bewirkt jede Veränderung des kleinen Mädchens. Zuerst bringt er es vom rechten Wege ab, indem er sich bei ihm einschmeichelt. Dann täuscht er es und bringt es dazu, die eigene Großmutter zu verspeisen, indem er selbst deren Stelle einnimmt. Und schließlich zerrt er es ins Bett und verschlingt es, oder was auf das Gleiche hinausläuft, er zeigt sein wahres Gesicht als gefährlicher und grimmiger Wolf. Yvonne Verdier kommt zu folgendem Schluß: „Das kleine Mädchen ist also nicht umsonst bei seiner Großmutter zu Besuch gewesen! Sie wurde in ihr Schicksal als Frau und in sämtliche häusliche Tugenden eingeweiht und kann getrost wieder nach Hause gehen. Sie hat „den Wolf gesehen!" (sie ist nicht mehr unerfahren).

„Es war einmal eine Frau, die hatte Brot gebacken. Sie sagte zu ihrer Tochter: – ‚Geh zu deiner Großmutter und bring ihr ein frisches Brot und eine Flasche Milch.' Das kleine Mädchen macht sich auf den Weg. An einer Kreuzung begegnet ihm der Wolf und fragt es: ‚Wohin gehst du?' – ‚Ich will meiner Großmutter ein frisches Brot und eine Flasche Milch bringen.' ‚Welchen Weg willst du einschlagen, den mit den Nadeln oder den mit den Stecknadeln?' ‚Den mit den Nadeln' sagte das kleine Mädchen. – ‚Gut, dann nehme ich den mit den Stecknadeln.'

Das kleine Mädchen vergnügte sich unterwegs damit, die Nadeln aufzuheben. Unterdessen lief der Wolf zur Großmutter, brachte sie um, legte ihr Fleisch in eine Schüssel und stellte eine Flasche von ihrem Blut auf das Bord. Dann kam auch das Mädchen und klopfte an die Tür. ‚Du brauchst die Tür nur aufzustoßen', sagte der Wolf, ‚sie ist mit einem nassen Strohhalm verriegelt.' – ‚Guten Tag, Großmutter, ich bringe euch ein frisches Brot und eine Flasche Milch.' – ‚Leg sie in die Schüssel, mein Kind; Nimm dir von dem Fleisch, das dort liegt, und eine Flasche Wein, die auf dem Bord steht.' Während sie davon aß, kam eine kleine Katze herein und sagte: ‚Pfui, so eine Schlampe, sie ißt das Fleisch und trinkt das Blut ihrer Großmutter'! ‚Zieh dich aus, mein Kind', sagte der Wolf, ‚und leg dich zu mir.' – ‚Wo soll ich meine Schürze hinlegen?' – ‚Wirf sie ins Feuer, mein Kind, du brauchst sie doch nicht mehr.'

Und bei allen Kleidungsstücken, die sie ablegte, dem Leibchen, dem Kleid, dem Unterrock und der Unterhose, fragte sie, wohin sie sie legen sollte. ‚Wirf sie ins Feuer, mein Kind, du brauchst sie doch nicht mehr.'

Als es im Bett lag, sagte das kleine Mädchen: ‚Großmutter, warum seid ihr so behaart?' – ‚Damit ich es schön warm habe, mein Kind.' –

‚Ach Großmutter, was habt ihr für lange Fingernägel!‘ – ‚Damit ich mich besser kratzen kann!‘ – ‚Ach Großmutter, warum habt ihr so breite Schultern?‘ – ‚Damit ich mein Reisigbündel besser tragen kann, mein Kind!‘ – ‚Ach Großmutter, warum habt ihr so großen Ohren?‘ – ‚Damit ich besser hören kann, mein Kind!‘ – ‚Ach Großmutter, warum habt ihr so große Nasenlöcher?‘ – ‚Damit ich besser Tabak schnupfen kann, mein Kind!‘ – ‚Ach Großmutter, was habt ihr für einen großen Mund!‘ – ‚Damit ich dich besser fressen kann, mein Kind!‘ – ‚Ach Großmutter, ich muß mal nach draußen gehen!‘ – ‚Mach ins Bett, mein Kind!‘ – ‚Ach nein, Großmutter, ich will lieber nach draußen!‘ – ‚Gut, aber bleib nicht zu lange.‘

Der Wolf band ihr einen Wollfaden ans Bein und ließ sie gehen. Als die Kleine draußen war, band sie die Schnur an einen Zwetschenbaum im Hof. Der Wolf wurde ungeduldig und rief: ‚Machst du Stricke? Machst du Stricke?‘ Als er merkte, daß niemand ihm Antwort gab, sprang er aus dem Bett und sah, daß die Kleine fortgelaufen war. Er rannte ihr nach, aber als er zu ihrem Haus kam, war sie gerade in der Tür verschwunden.
(Eine Version aus dem Nivernais, aus: Paul Delarue, le Conte populaire français.)

Da man herausfinden wollte, wie die Kinder von heute sich den Wolf vorstellen, wurde die Frage an vier Klassen von acht- bis neunjährigen Schülern aus vier völlig verschiedenen Regionen Frankreichs untersucht. Die Anworten unterscheiden sich kaum, und sie sind stark von Märchen, Fabeln oder Comics beeinflußt. Die Kinder wissen sehr genau, daß es keine Wölfe mehr gibt, aber anhand ihrer jeweiligen Antworten kann man sozusagen eine Art „Steckbrief“ zusammenstellen.

„Der Wolf lebt im Wald, aber manchmal auch im Zoo. Er hat große, spitze Zähne, einen langen Schwanz und große Ohren, lange, spitze Nägel oder sogar lange Krallen. Sein Fell ist grau, schwarz oder rötlich. Er hat große braune oder schwarze Augen, die im Dunkeln leuchten. Manche stellen ihn sich auch vor ‚wie einen wilden Hund, der so aussieht wie ein deutscher Schäferhund.‘ Im allgemeinen ist er ein bösartiges, sogar blutrünstiges Tier, das andere Tiere auffrißt, und wenn er sehr großen Hunger hat, frißt er auch Männer, Frauen und Kinder.“

„Wenn man den Wolf nennt ...“

Stand dieses geheimnisvolle Tier wirklich derart im Mittelpunkt des Alltagslebens, und beherrschte es so sehr das Denken der Menschen, daß es noch heute in der Umgangssprache seinen festen Platz hat, und zwar in Redewendungen und Sprichwörtern, oder auch als Bezeichnung für Werkzeuge oder Geräte?

Wenn man sich möglichst leise bewegt, so geht man „à pas de loup“ (wie auf Wolfspfoten), und wo nur ein schmaler Pfad vorhanden ist, muß man à la queue leu leu“ (im Gänsemarsch) hintereinandergehen. Hat man zwei Tage lang gefastet, so bekommt man einen „Wolfshunger“, und ist einer beim Essen allein, so „schlingt er wie ein Wolf“. Wenn es einem geht „wie einem weißen Wolf“, d. h. wenn man so bekannt wie ein bunter Hund ist, hat man im Leben wenig zu lachen. Aber wenn man bei einem Streit die Oberhand behält, so sagt man, man sei „stärker als die Wölfe“. Bricht die Nacht herein, in der Zeit „zwischen Hund und Wolf“, so muß man sich vorsehen, damit man „dem Wolf nicht ins offene Maul rennt“, vor allem dann, wenn man durch eine gottverlassene Gegend kommt, „un pays de loups“, wo sich Füchse und Hasen gute Nacht sagen, und ein ‚froid de loup‘ (eine Wolfskälte) herrscht. Wenn man einer Frau begegnet, die „den Wolf gesehen hat“, die außerdem „mit dem Wolf tanzen kann“, so bedeutet das, daß sie sich auf die Liebe versteht. Vielleicht bringt sie einen Mann dazu, „zu leben wie ein Wolf“, d. h. von Diebstahl und Raub, oder aber „á contrefaire le loup

Plakat 1980.

en paille“, (einen Wolf aus Strohwischen zu machen), d. h. jemandem etwas vorzutäuschen, oder auch „Angst vor dem Wolf zu haben“, d. h. am liebsten gar nichts zu tun.

Bei den Druckern oder Metallhandwerkern in Frankreich sagt man ‚faire un loup‘, oder ‚louper‘, wenn man etwas versiebt hat. Ein ‚loup‘ kann alles mögliche bedeuten: ein Vielfraß, ein Faulenzer, ein Kredithai, ein Diebstahl oder auch Schulden ... Aber je nach Betonung gilt es auch als Kosewort für eine Person, die einem nahesteht (‚mon loup‘).

Zeichnungen von Serge Bloch, aus Dossier Okapi, La peur du loup, 1981.

Es gibt unzählige französische Redewendungen und viele alte Ausdrücke, die heute nicht mehr gebräuchlich sind, aber andere konnten sich bis in unsere Zeit hinein halten. So sagt man z. B. von einem zielstrebigen Jungmanager, er sein ‚un jeune loup‘ (ein junger Wolf), und ein sehr ehrgeiziger, skrupelloser Mensch hat ‚des dents de loup‘ (Wolfszähne).

Früher war der Wolf bei den Bauern so gefürchtet, daß sie sich scheuten, ihn bei seinem richtigen Namen zu nennen. Statt dessen wurde ein Beiname, eine Umschreibung, ein bildlicher Ausdruck oder eine Allegorie benutzt, sofern man ihn nicht einfach als „das Ding“ bezeichnete. Diese Spitznamen beziehen sich auf sein Äußeres, sein Verhalten oder seine Lebensgewohnheiten. Manchmal sind sie ausgesprochen poetisch, wie z. B. „pied-doré“ (Goldfuß) oder „chien de nuit“ (Hund der Nacht). Bei den Kelten wurde der Wolf nie beim Namen genannt, und die geläufigsten Umschreibungen bezeichnen ihn als Hund, Grauhund oder Höllenhund. Manchmal gibt man ihm auch einen männlichen Vornamen, und zwar meist den eines volkstümlichen Heiligen: in der Bretagne heißt er Guillem oder Yann, in Westfalen nennt man ihn Wilhelm, Gabriel oder Henrik. Auch die Literatur hält sich an dieses sprachliche Tabu: sie bezeichnet ihn als ‚grande goule‘ (Großmaul), ‚fils de la terre‘ (Sohn der Erde), ‚pattes grises‘ (Graupfote), ‚le brigand des bois‘ (Räuber vom Walde) oder auch als „Wassermann“, wie in Deutschland ...

Ohne einen unmittelbaren Bezug zu dem Tier herzustellen, wird das Wort „Wolf“ in Frankreich auch von Arbeitern und Handwerkern als Bezeichnung für bestimmte Arbeitsgeräte benutzt. Im Textilhandwerk ist der ‚Wolf‘ eine Maschine mit groben Zähnen, die die Wolle vor dem Kardätschen auflockert. Bevor sie erfunden war, benutzten die Tuchmacher zu dem gleichen Zweck eine Distelart, die man ‚tête de loup‘ (Wolfskopf), ‚chardon de loup‘ (Wolfsdistel), ‚peigne de loup‘ (Wolfskamm), oder ‚cape de loup‘ (Wolfsmantel) nannte, wohl wegen ihrer Widerborstigkeit. Ähnliche Beispiele lassen sich in Deutschland finden: Reiß- und Klopfwolf, Melier- oder Mischwolf, Krempelwolf, Schmälzwolf bei der Bearbeitung von Textilmaterial.

Man zieht einen ‚dent de loup' (Wolfszahn), d. h. einen großen Nagel, mit dem man die Pfosten eines Fachwerks befestigt, mit Hilfe eines ‚Wolfs' (= Geißfuß) heraus. Ein Steinblock wird mit einem aus drei Teilen bestehenden eisernen Hebezeug bewegt; den einen Teil nennt man ‚Wölfin', die beiden anderen sind die ‚Wolfsjungen'. In der Stickerei gibt es ‚Wolfszähne' als Bordüre, d. h. spitz ausgezackte Ränder. Auch zum Fischfang wird ein ‚Wolf' verwendet, ein flaches Netz, das zwischen drei Pfählen ausgespannt wird. Daneben gibt es auch eine Wölfin, das ist eine zweiteilige Reuse mit einer Öffnung auf jeder Seite. Der Steinmetzgeselle heißt ‚Hund', und die Angehörigen dieser Zunft werden als ‚Wölfe' bezeichnet. Ein ‚loup des frontières' (Wolf der Grenzen) ist ein Zöllner, und der ‚étapier du loup' (Proviantmeister) des Wolfs ist der Henker.

Auch anhand der Orts- und Flurnamen läßt sich das Vorkommen des Wolfs nachweisen, vor allem im Mittelalter, und diesbezügliche Ortsnamen stammen überwiegend aus jener Zeit. Einige Ausdrücke beziehen sich auf Orte, die häufig von Wölfen aufgesucht wurden. Sie bezeichnen einen Teil des Acker- und Brachlands, ein Waldstück oder auch Berge und Wasserläufe. Es gibt da das ‚Wolfsfeld', die ‚Wolfswiese', die ‚Wolfsheide', die ‚Wiese der Wölfin', die ‚Wolfsbrache'. oder den ‚Bach bei der Wolfsheide'. Nicht nur Wälder, sondern auch Wege, Straßen, Hügel, Felsen, Täler, Brunnen und Furten tragen seinen Namen.

Andere Ausdrücke bezogen sich auf den Unterschlupf des Tieres. Nach Longnon soll dies für Bezeichnungen wie ‚louvière, loubatière' und deren Ableitungen gelten. In Gegenden, die früher von Wölfen wimmelten, sind solche Namen geläufig.

Auch veraltete Ausdrücke, die früher einmal eine Höhle bezeichneten, kann man als ‚Wolfsbau' deuten; so die ‚Cabane du loup' (Wolfshöhle), ‚la cave aux loups' (Wolfskeller), ‚la chambre aux loups' (Wolfskammer), ‚le creux du loup' (Wolfsnische) und ‚la grotte du loup' (Wolfsgrotte) und viele andere mehr. In der mündlichen Überlieferung werden die Dolmen als Wolfsbau angesehen. Es gibt ein Hünengrab im Allier, das als „cabane du loup" (Wolfshöhle) bezeichnet wird, dann den „Wolfstisch" von Espartignac in der Corrèze, oder den ‚Wolfstein' von Saint-Aigny in der Indre.

Orte, an denen der Wolf in der Ranzzeit heulte, wurden oft ‚Chanteloup' (Heulender Wolf), genannt; auch die Varianten ‚Canteloup', ‚Cantelau' oder, in der weiblichen Form ‚Chanteloube' oder ‚Chantelouve' kommen vor. In der Mayenne sind außerdem ‚la Chantelouvière', in der Indre ‚les Brâmes loups', und in der Haute-Vienne ein ‚Jappeloup' zu erwähnen.

Andere Namen, die mit dem Wort ‚pisser' (urinieren) zusammengesetzt sind, sollten wohl das Jagdrevier von zwei Wolfsmeuten gegeneinander abgrenzen. Longnon begreift sie jedoch im übertragenen Sinne: „Ursprünglich bezeichneten sie zweifellos kleine Bachläufe, die man mit dem ‚Bächlein' von Wölfen verglich. So findet sich häufig ‚Pisseloup' in der nördlichen Loire, oder auch ‚Pisseleux', Pisseloube', ‚Pisselouvet' . . ."

Der Name des Wolfes wurde auch mit einer Vielzahl von Verben verbunden, so daß in Frankreich sehr anschauliche Ortsnamen entstanden. Besonders als Flurnamen erscheinen sie in unzähligen Varianten, wie ‚Petteloup' (Wolfsfurz), ‚Heurteloup' (Wolfsstoß), ‚Grateloup' (Wolfskratzen). In Sandillon im Loiret trägt ein einsam gelegenes Haus diesen Namen; man sagt, der Wolf komme in Hungerzeiten oft dorthin und kratze an der Tür. Des weiteren wären zu erwähnen: ‚Retourne-loup' (Wolfskehre), vielleicht ein Punkt, über den sich die Wölfe nicht hinauswagten, oder auch ‚Passeloup' (Wolfswechsel), zweifellos eine Bezeichnung für Wege, die man nachts besser vermied. Andere Namen sagen etwas über das Tier selbst aus, wie ‚Patte du Loup' (Wolfspfote), der ‚Pas du loup' (Wolfstritt), ‚Pied du loup' (Wolfsfuß), ‚Queue du loup' (Wolfsschwanz), ‚Saut du loup' (Wolfssprung) usw.

Aber die meisten Ortsnamen in Frankreich, in denen der Wolf erscheint, haben etwas mit seiner Vernichtung zu tun. Die größte Verbreitung haben die ‚Wolfsgruben' (fosses aux loups); sie erinnern an die mit Laubwerk getarnten Fallgruben, in die man das Tier mit einem Köder lockte. Auch Namen wie ‚le loup pendu' (der gehängte Wolf) und ‚la mort au loup' (Tod dem Wolf) sind nicht selten. In Fluren und Dörfern kommen außerdem vor: ‚Tombes du loup' (Wolfsgräber), ‚Chasselou-

Les Loups ne se mangent pas.

Die Wölfe fressen sich nicht.

vières' oder ‚Chasseloup' (Wolfsjagd); an solchen Orten fanden früher vielleicht einmal Treibjagden statt.

Wir können hier unmöglich sämtliche Ortsnamen aufzählen, die aus dem Namen dieses verhaßten, erbarmungslos verfolgten, aber auch bewunderten Tieres ableitbar sind: ‚la Loupe, les Blancs Loups, Chevreloup, Corcheloup, Couveloup, Croqueloup, Cul-de-loup, le Port-aux-loups, Puits-à-loup, la Tête-aux-loups' usw.

Auch bei den Wölfen gibt es Albinos, Auf sie geht das bekannte (französische) Sprichwort zurück: „Etre connu comme le loup blanc" (wörtlich: bekannt wie ein weißer Wolf = wie ein bunter Hund). Trat einmal ein solches Tier auf, so machte es einen großen Eindruck auf die ländliche Bevölkerung und fand auch Eingang in die Namensgebung. In Montchaumière (Indre) erzählt man sich, daß einmal ein weißer Wolf in der Gegend gesehen wurde, die heute diesen Namen trägt. Angeblich wurde auch einmal im Wald von Fontainebleau eine weiße Wölfin gefangen und zur Menagerie gebracht.

Die meisten dieser Ortsnamen lassen sich bis ins 12. oder 13. Jahrhundert zurückverfolgen; andere gehen auf das 14. und 15. Jahrhundert zurück. Wir können daraus ersehen, wie sehr die Furcht vor dem Wolf in Frankreich seit dem Mittelalter das Denken der Landbevölkerung beherrschte. Man muß allerdings anmerken, daß noch im 19. Jahrhundert Wolfsgruben angelegt wurden; derartige Ortsnamen können also auch aus neuerer Zeit stammen.

Interessant ist auch, daß der Wolf in vielen Sprichwörtern vorkommt. Estienne Pasquier schreibt 1621 in den ‚Recherches de France'; „Von den wilden Tieren war der Wolf so bekannt und verhaßt, daß er öfter als jedes andere Tier in unseren Sprichwörtern auftaucht.". Wie die Märchen sind auch die Sprichwörter von einem starken Moralismus geprägt und dienen oft nur als Vorwand für moralisierende Inhalte.

Als der Wolf nach Rom pilgerte, wechselte er zwar das Fell, aber nicht seine üblen Gewohnheiten. (15. Jahrhundert). – Wenn der Wolf den Gänsen das Beten beibringt, so frißt er sie zum Lohn auf. (Deutschland). – Wenn man den Wolf fragt, warum er hinter einer Herde herläuft, so wird er sagen, daß der Staub, den sie aufwirbelt, gut für seine kranken Augen sei. (Islam) – Wenn man dem Wolf sagt, er solle vor den Schafen herlaufen, wird er einwenden,

Ein Wolf kann keine Lämmer zeugen.

La Faim chasse le Loup du bois

Folle est la Brebis qui au Loup se confesse.

Närrisch das Lamm, das dem Wolf beichtet.

daß er fußkrank sei. (Kurdistan). – Der Wolf hatte Mitleid mit der Stute; er ließ ihren Schwanz und ihre Mähne übrig. (Rußland). – Wer die Gebote der Religion leichtfertig und ohne innere Überzeugung einhält, benimmt sich wie ein Wolf, der fasten will (Buddhismus). – Wenn der Wolf heult, so hebt er den Kopf zum Himmel. (Deutschland) – Aus Liebe zum Ochsen leckt der Wolf den Pflug. – Wenn der Wolf in der Schlinge steckt, so winselt er um Mitleid. – Wenn du einen Wolf siehst, der ein Lamm ableckt, so hat das nichts Gutes zu bedeuten. – Der Wolf weiß sehr schnell, was ein böses Tier im Schilde führt. (15. Jahrhundert). – Wer einen jungen Wolf aufzieht, der wird von ihm verschlungen. (Griechenland). – Wölfe, die sich taufen lassen, sind die schlimmsten von allen. – Es gibt weder böse Hasen, noch kleine Wölfe. – Wenn einer sich wie ein Lamm benimmt, wird er vom Wolf gefressen. – Ein guter Wolf ist ein schlechter Freund, sagt das Lamm. – Der Wolf verliert seine Zähne, aber nicht sein Gedächtnis (Spanien). – Wenn der Wolf alt geworden ist, hacken ihn die Krähen (Holland). – Wenn der Wolf in der Falle steckt, beißen ihn alle Hunde in den Hintern. – Der Wolf fürchtet sich nicht vor dem Schäferhund, aber vor seinem Stachelhalsband. – Wenn du dich mit einem Wolf streiten willst, so behalte deinen Hund in der Nähe (Türkei). – Wenn die Schafe toll werden, so sind sie schlimmer als der Wolf. – Auch ein zahmer Wolf träumt immer vom Wald. (Rußland). – Der Wolf wird immer angeklagt, sei er nun schuldig oder nicht. (Zenobius). – Ein Schäfer, der den Wolf lobt, liebt seine Schafe nicht. (Italien). – Während der Wolf beim Scheißen ist, kann das Lamm sich im Wald verstecken. – Der Tod des Wolfes ist die Gesundheit des Lammes. – Man macht den Wolf immer größer, als er wirklich ist. – Der Wolf heult nicht, wenn er Hunger hat. – Hundert Wölfe haben keine Angst vor einer Ziege. – Es ist besser, selber einen Wolf zu essen, als von ihm gefressen zu werden. – Für die Wölfe gibt es immer zu viele Schäfer. – Wenn Hunde und Wölfe gemeinsame Sache machen, geht es den Schafen schlecht. – Der Tod eines Hundes ist das Leben eines Wolfes. – Man soll sich nicht über den Wolf lustig machen, bevor man aus dem Wald heraus ist. – Bei einem nachlässigen Schäfer scheißt der Wolf Wolle. – Ein Wolf kann keine Lämmer zeugen. – Der Mensch ist des Menschen Wolf.

Mit den Wölfen heulen.
Sprichwörter, illustriert von Grandville, 1844.

Il faut hurler avec les Loups.

– *Die Menschen fürchten sich voreinander, wenn sie sich nachts auf der Straße begegnen; wenn zwei Wölfe sich treffen, so sind sie gut Freund. – Wenn man den Wolf riechen könnte, wenn die Blindschleiche sehen könnte und wenn die Ziege ihre Zähne außen hätte, so wären wir alle verloren.*

Früher und auch heute noch machten die Kinder sehr früh Bekanntschaft mit dem Wolf, und zwar durch unzählige Abzählreime, Spiele und Kinderlieder.

In Poitou sangen die Mütter dieses Wiegenlied:

Da drüben, da drüben
Bruder Niklas
ist ein grauer Wolf
Bruder Louis,
wir wollen hinlaufen
Bruder Simon,
und Wolle kaufen,
Bruder Stefan,
und stricken eine Mütze
für Bruder Jakob.

„Wolf, bist du da?". Lithographie von A. David, 19. Jh.

Wenn die Kinder größer waren, tauchte der Wolf in den Abzählreimen auf:

Ein Wolf kam vorbei
in einer Wüstenei.
Den Schwanz er hebt,
sein Hintern bebt;
ein Furz kommt heraus
und du bist aus!

Das „Wolfsspiel". Anonymer Stich, 19. Jh.

Beim Spielen muß der Wolf seinen armen Opfern nachlaufen. Beim Spiel ‚à la queue leu leu' halten sich die Kinder an der Taille fest; das erste in der Reihe ist der ‚Leithammel', das letzte ist das ‚Lamm'. Der Wolf läuft außen um sie herum und versucht, das Lamm zu packen; der Leithammel und die anderen Kinder müssen sich mit aller Kraft gegen ihn zur Wehr setzen und das Lamm verteidigen. Ein anderes Spiel, „Wolf und Bauer", geht so: Der Bauer hat verschiedene Haustiere, die von den Mitspielern dargestellt werden. Der Wolf kommt und fragt den Bauern: „Hast du eine Kuh? – Nein! – Hast du eine Ziege? – Ja! – Was verlangst du dafür? – Sechs Franken! – Einverstanden!" Der Wolf schlägt sechsmal auf die Hand des Verkäufers; inzwischen rennt die Ziege davon, und er darf ihr erst nachlaufen, nachdem der Handel abgeschlossen ist.

Früher, als die Kinder noch auf der Straße spielen konnten, gab es in Boulogne-sur-mer ein anderes Wolfsspiel. Der Wolf stand mitten auf der Straße. Die Schafe waren auf den Bürgersteigen in Sicherheit; sie mußten dann möglichst schnell über die Straße laufen, ohne vom Wolf gefangen zu werden.

Wer kennt nicht das beliebte Spiel: „Wolf, bist du da?"

Laßt uns im Wald spazieren gehen,
solange dort kein Wolf zu sehen;
weil er, wenn er darinnen ist,
uns mit Haut und Haaren frißt.
Heut ist er weggegangen,
drum wird er uns nicht fangen.
Wolf, bist du da?
Hörst du mich?
Was machst du?

Auf diese Frage antwortet der Wolf, was ihm gerade einfällt; „Ich stehe auf..., ich ziehe meine Hose an..." Das Spiel geht solange weiter, bis der Wolf ruft: „Ich gehe auf die Jagd!" Dann laufen alle mit lautem Geschrei weg. „Der Reiz des Spiels liegt in seiner Unberechenbarkeit", sagt Marcel Aymé in den ‚Contes du chat perché', „denn der Wolf war nicht immer mit dem Ankleiden fertig, wenn er aus dem Wald kam. Er konnte auch in Hemdsärmeln oder nur mit einem Hut auf dem Kopf über seine Opfer herfallen."

Mowgli, der Freund der Wölfe, aus dem „Dschungelbuch" von R. Kipling. Stich von M. de Becque, Paris 1930.

Man staunt immer wieder, wenn man erlebt, wie sehr sich die Kinder mit ihrer Rolle identifizieren. Der Wolf gibt sich grimmig und stimmt ein fürchterliches Geheul an, das von den Schreckensschreien der Verfolgten begleitet wird. Das Spiel ist für die Kinder eine gute Gelegenheit, ihre unbestimmten Ängste vor dem berüchtigten Tier auszuleben.

Restif de la Bretonne beschreibt 1796 in „Monsieur Nicolas" ein anderes, weniger harmloses Wolfsspiel: „Das Wolfsspiel wurde ausschließlich im Dunkeln gespielt. Man schlug einen Pflock in den Boden und band einen langen Riemen daran fest, der aus mehreren Pferdehalftern bestand. Dann suchte man jemanden, der den Wolf spielen sollte. Diese Rolle war sehr begehrt. Man legte ihn an die Leine und verband ihm die Augen, und die Mitspieler entfernten sich. Dann warf man ihm alles mögliche zu, die Burschen ihre Hüte und Mützen, die Mädchen ihre Schürzen, ihre Halstücher, ja sogar ihre Mieder und Korsetts. Der Wolf mußte erraten, wem der Hut, die Schürze oder das Tuch gehörten, oder er spießte sie mit einer Stange auf, wenn er nicht herausfinden konnte, von wem sie kamen. Die anderen versuchten dann, ihm die Sachen wieder abzunehmen. Wenn er aber einen Burschen erraten hatte, mußte er ihm seinen Platz abtreten. Wenn es ein Mädchen war, so konnte es einen Burschen benennen, der den Wolf spielen mußte. Wenn der Wolf einen Burschen zu fassen bekam, setzte es Prügel. Wenn es ein Mädchen war, wurde es gefressen, d. h. recht ausgiebig betätschelt. Meist wurde man gefangen, wenn man versuchte, sich die Pfänder wiederzuholen, die oben am Stock des Wolfs hingen. Dieses Spiel blieb völlig harmlos, solange wir Kinder es untereinander spielten, aber manchmal mischten sich auch fünfzehn- bis achtzehnjährige Burschen mit ein, und dann wurden oft die Grenzen des Anstands überschritten."

Auch in den Volksliedern kam der Wolf vor. Wie in manchen Märchen ging es hier darum, die jungen Mädchen vor den Schmeicheleien der Männer zu warnen, die sie verführen wollten. Die Welt der Schäfer diente dabei meist nur als Staffage.

„Sag mir doch, meine Schäferin
Hast du keine Angst vor dem Wolf?
Mit deinem leichten Hirtenstab
kannst du dich nicht gegen ihn wehren."

– Und als der Verehrer sie dazu auffordert, zu „singen", antwortet ihm die Schäferin:

„Nein, singen kann ich nicht,
ich habe den Wolf schon zu nahe gesehen
In diesem Wald, auf dieser grünen Weide
Ich habe Angst, daß er mir was zuleide tut."

Dieser doppeldeutige Text erinnert einmal an den Hirtenglauben, daß die Schäferinnen die Sprache verlieren, wenn der Wolf sie als erster sieht; zum anderen ist er voller versteckter erotischer Anspielungen: *„Die Liebe richtet mehr Schaden an, als der Wolf in ihrer Herde!"* heißt es in dem Lied.

Wolfsspiel in der Schulpause. Anonym, 19. Jh.

In einem Volkslied aus der Champagne, das unwillkommene Verehrer abwehren soll, steht der Wolf für den abgewiesenen Liebhaber:

Wolf, Wolf, Wolf,
Ach Gevatter Wolf.
Umschnüffle ruhig mein Schwesterlein,
Wolf, Wolf, Wolf,
Du kommst doch nicht zur Tür herein!

Du böser, finsterer Geselle,
Der Hunger hat dich wild gemacht,
Du schleichst zu unsres Hauses Schwelle;
Dies Fleisch ist dir nicht zugedacht!

Wolf, Wolf, Wolf,
Ach, Gevatter Wolf,
Umschnüffle ruhig mein Schwesterlein,
Wolf, Wolf, Wolf,
Du kommst doch nicht zur Tür herein!

Zu den Lieblingsthemen gehörte es auch, daß man die Schäferin aus den Klauen des Wolfs errettete, oder ihr half, ihre Herde vor dem Räuber zu beschützen. Für die ihr erwiesenen Dienste erhoffte man sich eine Belohnung, und es war nicht schwer zu erraten, in welcher Form: der Mythos einer Frau, die allein ihre Schafe am Waldesrand hütete, war allzu verführerisch.

Das folgende Lied mit dem Titel: „Die Rettung des Schafs vor dem Wolf" (la brebis sauvée du loup) entstammt der Metzer Gegend:

Dort droben, hoch am Waldesrand
steht eine Hirtin und hütet die Schafe,
Die Schäferin war sehr betrübt,
ein großer Wolf kam hergerannt
Sein Maul weit aufgesperrt,
er stahl ihr von den Schafen eins,
und trug es in den Wald.

Ein stolzer Reiter kam vorbei
mit seinem blanken Schwert;
Und dreimal ritt er um den Wald
das Schäflein brachte er ihr
Hier, Schäferin, nehmt Euer Lamm,
und laßt es nicht allein;
sonst kommt der böse Wolf zurück
und schleppt es wieder fort.

Mein Herr, ich danke Euch gar sehr
für Eure Mühn und Plagen
Und wenn wir unsere Schafe scher'n,
sollt Ihr die Wolle haben.
Ich bin kein Kaufmann, holde Maid,
und handle nicht mit Wolle;
doch möcht' ich einen Kuß von Euch
um meine Pein zu heilen.

Die Rettung der Schäferin. Aus „La chasse illustrée", 1868.

So nehmt Euch einen, nehmt Euch zwei,
Da Ihr so sehr verliebt;
Küßt Ihr mich nur nach Herzenslust,
doch eines sag ich Euch,
Mein edler Reitersmann:
Fangt nicht von vorne an!

Man konnte sogar mit dem Wolf tanzen, wie diese Bourrée aus der Auvergne belegt, die Ende des 19. Jahrhunderts von Eugène Rolland aufgezeichnet wurde:

Verjagt den Wolf, o Schäferin,
Verjagt den Wolf,
Verjagt den Wolf,
Er holt das allerschönste,
Verjagt den Wolf,
Das allerschönste Lamm.

Das folgende Tanzlied war noch vor einigen Jahrzehnten im südlichen Berry gebräuchlich, und zwar als Kehraus bei Bällen:

Meine scheckige Hündin, bring die Wölfe auf Trab, meine Liebe,
Meine scheckige Hündin, sie bringt die Wölfe auf Trab.

Ach, jag sie nur weg, meine Liebe,
Jag sie nur weg, meine scheckige Hündin.
Ach, jag sie nur weg, wenn sie mager sind,
Jag sie nur weg, wenn sie mager sind.
Ach, laß sie nur dort,
Laß sie nur dort, meine scheckige Hündin,
Ach laß sie nur dort,
Laß sie nur dort, wenn sie fett sind.

Sicher waren die Worte bei einem Tanzlied nicht so wichtig, und man achtete mehr auf ihren Klang und die Sprachmelodie, die dem Rhythmus untergeordnet war. Dennoch spricht aus dieser Bourrée der gesunde Menschenverstand. Die ‚scheckige Hündin' soll die Wölfe verjagen, wenn sie mager sind, d. h. dünn und ausgehungert, und man damit rechnen muß, daß sie angreifen. Sind sie jedoch dick und fett, so braucht man sich keine Sorgen zu machen. Ein Beweis mehr, daß dieser blutrünstige Räuber mit seinen glühenden Augen, dieser Dämon mit goldenen Füßen, dieser Graurock, dieser schreckliche Werwolf, in Wirklichkeit keineswegs die Bedeutung hatte, die ihm in der bäuerlichen Vorstellungswelt angedichtet wurde, deren Erbe noch heute unser Denken prägt.

Für die Schäfer des 15. Jahrhunderts war er, wie viele andere Tiere des Waldes, eine Art ständiger Begleiter; er konnte zwar zuweilen recht lästig fallen, aber im Grunde tat er einem leid, zumal man ihn durch das Geklapper von Holzschuhen verscheuchen konnte.

Bibliographie

DOKUMENTE AUS ARCHIVEN

Archives nationales, Archives départementales de l'Indre (Châteauroux), Archives départementales de la Haute-Marne (Chaumont), Archives départementales de l'Hérault (Montpellier), Archives départementales de la Lozère (Mende), Archives départementales du Puy-de-Dôme (Clermont-Ferrand).

NICHT PUBLIZIERTE STUDIEN UND DOKUMENTE

BEAUFORT F. de. Études monographiques d'espèces disparues ou en voie de disparition et des facteurs de réintroduction. Bericht 5 (April 1970), Service de Conservation de la Nature. Paris.

LAURENCEAU. Les loups en France au cours des âges et plus particulièrement en Loir-et-Cher du XVIIe au XIXe siècle. Maschinen-Mskpt. 1946 (Bibliothèque de Blois).

LEROY M.-M. La représentation du loup dans les traditions populaires d'Europe. UER Straßburg, 1976.

THÉODORIDÈS J. Considérations historiques sur la rage. Archives internationales Claude Bernard (Coussac-Bonneval; Haute-Vienne), Band 5, 1974.

LITERATUR

Allgemeine Werke

ANGLADE J. La vie quotidienne dans le Massif central au XIXe siècle. Paris, 1971.

BABÈS V. Traité de la rage. Paris, 1912.

BARRAL et SAGNIER. Dictionnaire d'agriculture, encyclopédie agricole complète. Paris, 1889.

BÉLÈZE G. Dictionnaire universel de la vie pratique à la ville et à la campagne. Paris, 1890.

BERNARD D. La fin des loups en bas Berry, XIXe-XXe siècles. Châteauroux, 1977.

BERNARD D. Un loup enragé en Berry: la bête de Tendu-Mosnay (1878). Châteauroux, 1978.

BLANCHET A. Traité des monnaies gauloises. Paris, 1905.

BLANCHET A. – DIEUDONNÉ A. Manuel de numismatique française. Paris, 1912.

BRISEBARRE A.-M. Le Berger. Paris, 1980.
BRISEBARRE A.-M. Bergers des Cévennes. Paris, 1978.
BURTON R.-G. Les mangeurs d'hommes. Paris, 1948.
CARCOPINO J. „La louve du Capitole", in *Bulletin de l'association G. Budé.* Paris, 1925.
CARLIER M. Traité des bêtes à laine ou méthode d'élever et de gouverner les troupeaux aux champs, et à la bergerie. Paris, 1770.
COINTAT M. „Les loups en Haute-Marne de 1768 à 1788", in *Cahiers haut-marnais* 42/1955.
DALPHONSE Préfet. Mémoire statistique du département de l'Indre. Paris, 1805.
DELPERRIE de BAYAC J. Du sang dans la montagne, vrais et faux mystères de la bête de Gévaudan. Paris, 1970.
DELUMEAU J. La peur en Occident. Paris, 1978.
DEMARD A. et J.-C. Le chemin des loups, réalité-légendes. Langres, 1978.
FABRE F. La bête de Gévaudan en Auvergne. Saint-Flour, 1901.
FEUILLÉ-BILLOT A. „Les derniers loups de France, contribution à l'enquête sur la disparition des loups en France", in *La Nature*, 1932.
FISCHESSER B. Richesses de la Nature: réserves et parcs naturels. Paris, 1973.
FOUGEYROLLAS C.-A. Bibliographie du loup. Niort, 1972.
GADEAU de KERVILLE H. Liste des mammifères observés en Normandie à l'état fossile, sauvage et domestique. Rouen, 1922.
GAGNIÈRE S. Les loups enragés et la thérapeutique de la rage en France et dans le Comtat. Avignon, 1945.
GAGNIÈRE S. Nouveaux documents sur les loups au XIXe siècle dans le Vaucluse et les départements voisins. Avignon, 1952.
GIRARD M. Catalogue raisonné des animaux utiles et nuisibles de la France. Paris, 1879.
HAINARD R. Mammifères sauvages d'Europe. Neuchâtel, 1961.
HALÉVY D. Visites aux paysans du Centre, 1907–1934. Paris, 1935.
HALL R.L. – SHARP H.S. Wolf and Man, New York, 1978.
HESSE J. „Le loup en Sologne", in *Le Journal de la Sologne"* 21, 1978.
DUBY G. – WALLON A. Histoire de la France rurale. Paris, 1975–1977.
JAUBERT. Glossaire du centre de la France. Paris, 1855.
Journal d'un bourgeois de Paris (1405–1449). Paris, 1881.
LAGRAVE R. Les loups autrefois. Institut coopératif de l'école moderne, 1959.
LA RUE A. de. Les animaux nuisibles, leur destruction, leurs mœurs. Paris, 1887.
LECOCQ A. Les loups dans la Beauce. Chartres, 1860.
MALTIER L. Le loup, ses mœurs, sa destruction et sa chasse en France. Poitiers, 1948.
MARTIN R. – ROLLINAT R. Vertébrés sauvages de l'Indre. Paris, 1894.
MÉLOTTÉ de LAVAUX. Le loup dans la légende et l'histoire. Lüttich, 1938.
MÉNATORY G. La vie des loups. Paris, 1969.
MINGAUD G. Notes pour servir à l'histoire des loups dans le département du Gard et dans les départements limitrophes depuis 1880 jusqu'en 1892. Nîmes, 1893.
MORLAUD J. – PLAISANCE J. Le loup hier en Limousin, dans la vie quotidienne et la tradition populaire. Limoges.
MOWAT F. Mes amis les loups. Paris, 1974.
PIC X. La bête qui mangeait le monde en pays de Gévaudan et d'Auvergne. Paris, 1971.
Point sur la rage. Paris, comité français d'éducation pour la santé, 1976
POURCHER Abbé. Histoire de la bête de Gévaudan, véritable fléau de Dieu. Mende, 1889.
ROLLINAT R. „Le loup commun." in *Revue d'histoire naturelle,* 4-7-9 1929.
ROLLINAT R. „Le loup enragé", in *Revue du Berry,* 1905.
RUDE P. – DIDIER R. Les mammifères de France. Paris, 1946.
Spécial rage 1, La Hulotte 32, 1976.
THÉODORIDÈS J. „Quelques aspects de la rage au XVIIIe siècle", in *Clio Medica,* 11/2, 1976.
TRIPIER L. Les codes français, collationnés sur les éditions officielles. Paris, 1854.
VIVIEN L. Cours complet d'agriculture ou nouveau dictionnaire d'agriculture. Paris, 1840.
VORYS J. de „Les loups enragés dans l'Indre en 1878 et 1879", in *Revue du Berry,* 1905.
WOLVES, Morges, Union internationale pour la conservation de la nature et des ressources naturelles, 1975.

Werke über die Jagd

BELLIER de VILLIERS E. Le langage de la vénerie, ou recueil des adages, dictons et termes de chasses à cors et à cris avec leurs acceptations usités de nos jours. Paris, 1904.
BURNAND T. Dictionnaire de la chasse. Paris, 1970.
CHEVALIER RUFIGNY. La chasse aux loups et la destruction des loups en Poitou aux XVIIIe et XIXe siècles. Poitiers, 1938.
CLAMORGNAN J. de. La chasse au loup. Paris, 1576.
DELISLE de MONCEL. Mémoire sur l'utilité et la manière de détruire les loups dans le royaume. Paris, 1765.
DELISLE de MONCEL. Méthodes et projets pour parvenir à la destruction des loups. Paris, 1768.
DELISLE de MONCEL. Résultats d'expériences sur les moyens les plus efficaces les moins onéreux au peuple, pour détruire dans le royaume, l'espèce des bêtes voraces. Paris 1771.
DUCHARTRE P.-L. Dictionnaire analogique de la chasse. Paris, 1973.
DU FOUILLOUX J. La vénerie. 1561, Reprint Limoges, 1973.
DUNOYER de NOIRMONT. Histoire de la chasse en France depuis les temps les plus reculés jusqu'à la Révolution. Paris, 1867–1868.
DUVAL L. Les grands louvetiers normands. Alençon, 1913.

FIRMIN-DIDOT A. Les loups et la louveterie. Paris, 1899.
FOUGEYROLLAS C.-A. Un animal de grande vénerie, le loup. Paris, 1969.
GRUAU L. Nouvelle intention de chasse pour prendre et ôter les loups de la France. Paris, 1613.
LENOBLE-PINSON M. Le langage de la chasse. Brüssel, 1977.
Le livre de chasse du Roy Modus. Limoges, 1973.
La louveterie. Paris, 1925.
Mémoire sur la destruction des loups. Paris, 1770.
MÉRITE E. Les pièges, étude sur les engins de capture utilisés dans le monde. Paris, 1942.
PAIRAULT A. Nouveau dictionnaire des chasses. Paris, 1885.
PARENT E. Le livre de toutes les chasses. Paris, 1865 – 1866.
REMIGEREAU F. Recherches sur la langue de la vénerie et l'influence de Du Fouilloux dans la littérature et la lexicographie. Paris, 1963.
TIREBARDE et FRÉMONT. Projet d'établissement de louveteries nationales, sans frais pour le gouvernement, nécessaires et très peu coûteuses à l'agriculture. Rouen, 1798.

Werke über Wolf und Volksglauben

Les admirables secrets d'Albert le Grand, 1703. (1962).
BAVOUS F. „Les loups-garous en Franche-Comté", in *Les heures comtoises,* 4/1952.
BEAUQUIER Ch. Faune et flore populaire de la Franche-Comté. Paris, 1910.
BÉNICHOU P.J.B. Horreur et épouvante dans le cinéma fantastique. Paris, 1967.
Bestiaires du Moyen Age. Paris, 1980.
BETTELHEIM B. Psychoanalyse des contes de fées. Paris, 1976.
BLADÉ J.-F. Contes populaires de la Gascogne. Paris, 1886.
BOGUET H. Discours exécrable des sorciers. 1602, (1980).
BONNIOT P. de. Histoire merveilleuse des animaux. Tours, 1890.
BOUTEILLER M. Sorciers et jeteurs de sorts. Paris, 1958.
CANTELOUBE J. Anthologie des chants populaires français. Paris, 1951.
Chansons populaires de France du XVe au XIXe siècle. Paris, 1941.
CHAPISEAU F. Folklore de la Beauce et du Perche. Paris, 1892.
CHAUMARTIN H. Folklore d'une grande tueuse. Vienne, 1958.
CHAUVAINCOURT. Discours de la lycanthropie ou de la transmutation des hommes en loups. Paris, 1599.
COLLIN de PLANCY J. Dictionnaire infernal. Paris, 1818.
DAUZAT A. Les noms de lieux. Paris, 1926.
DELARUE G. – TENÈZE M.-L. Le conte populaire français. Paris, 1970 – 1976.
DONTENVILLE H. La France mythologique. Paris, 1966.
DURAND-TULLOU A. Du chien au loup-garou dans le fantastique de Claude Seignolle. Paris, 1961.
ELIADE M. „Les daces et les loups" in *De Zalmoxis à Genglis Khan.* Paris, 1970.
FINBERT E.J. Dictionnaire des proverbes du monde . . . Paris, 1960.
FLEURY J. Littérature orale de la Basse-Normandie. Paris, 1883.
FROST B.J. Book of the Werewolf. London, 1973.
JOISTEN Ch. Contes populaires du Dauphiné. Grenoble, 1971.
LAISNEL de LA SALLE. Souvenirs du vieux temps: le Berry. Paris, 1875.
LA VÉRONNE Ch. de. La Brenne, histoire et tradition. Tours, 1967.
LEROUX de LINCY. Le livre des proverbes français. Paris, 1859.
LONGNON A. Les noms de lieux de la France. Paris, 1920.
MALOUX M. Dictionnaire des proverbes, sentences et maximes. Paris, 1960.
MARTINET L. Légendes et superstitions du Berry. Bourges, 1879.
MICHELET J. La sorcière. Brüssel, 1867.
MINEAU R. – RACINOUX L. Légendaire de la Vienne. Poitiers, 1978.
Nomenclature des hameaux et lieux-dits habités. Paris, 1954 – 1956.
ORAIN A. Contes de l'Ille-et-Vilaine. Paris, 1901.
PALOU J. De la sorcellerie, des sorciers et de leurs juges. Sazeray, 1972.
PÉJU P. La petite fille dans la forêt des contes. Paris, 1981.
PRZYLUSKI J. „Les confréries de loups-garous dans les sociétés indo-européennes", in *Revue de l'histoire des religions* 121/1940.
RÉAU L. Iconographie des saints. Paris, 1959.
ROLLAND E. Faune populaire de France. Paris, 1877 – 1908.
Le roman de Renart, Übersetzung von Maurice Toesca. Paris, 1979.
SAND G. Les légendes rustiques, 1858/1975.
SÉBILLOT P. Folklore de France, 1907/1968.
SEIGNOLLE C. Contes populaires de Guyenne. Paris, 1946.
SEIGNOLLE C. Les évangiles du diable selon la croyance populaire. Paris, 1964.
SEIGNOLLE C. Le gâloup. Paris, 1960.
SEIGNOLLE C. Marie la louve. Paris, 1963.
SUMMERS M. The Werewolf. Secausus, 1973.
TENÈZE M.-L. Quatre récits de loups. Göttingen, 1968.
THIERS J.-B. Traité des superstitions qui regardent les sacrements selon l'Écriture sainte. Paris, 1741.
TRÉBUCQ S. La chanson populaire et la vie rurale des Pyrénées à la Vendée. Bordeaux, 1912.
VAN GENNEP A. Le folklore de l'Auvergne et du Velay. Paris, 1942.
VAN GENNEP A. Manuel de folklore français contemporain. Paris, 1943 – 1958.
VARTIER J. Les procès d'animaux du Moyen Age à nos jours. Paris, 1970.
VERDIER Y. „Le Petit Chaperon rouge dans la tradition orale", in *Le débat* 3/1980.